无人机系统研究与应用出版工程

陕西出版资金精品项目

WURENJI JINGXIANGPI PEI FUZHU DAOHANG JISHU

无人机景象匹配辅助导航技术

凌志刚　李耀军　潘泉　赵春晖　曲圣杰　著

西北工业大学出版社

【内容提要】 本书是关于景象匹配辅助导航技术与应用的一部学术著作。书中针对图像辅助导航发展趋势以及我国的实际情况,以无人机为平台针对景象匹配辅助导航进行理论研究与工程应用分析,综述了景象匹配辅助导航国内外研究现状,然后比较系统地从可见光图像、红外图像、单幅图像、序列图像的图像匹配定位,以及适配性分析等方面提出了解决方法,并给出了实验实例。

本书适用于航空、航天、交通等领域中从事导航定位工作与学习的广大教师、研究生、高年级本科生阅读和参考,也可以供从事国防建设的研究人员及工程技术人员参考。

图书在版编目(CIP)数据

无人机景象匹配辅助导航技术/凌志刚等著. —西安:西北工业大学出版社,2016.8(2019.11重印)

ISBN 978 - 7 - 5612 - 5077 - 8

Ⅰ.①无… Ⅱ.①凌… Ⅲ.①无人驾驶飞机－景象匹配制导－航空导航 Ⅳ.①V279

中国版本图书馆 CIP 数据核字(2016)第 216770 号

策划编辑:肖亚辉
责任编辑:卢颖慧

出版发行:西北工业大学出版社
通信地址:西安市友谊西路 127 号　　　　邮编:710072
电　　话:(029)88493844,88491757
网　　址:www.nwpup.com
印 刷 者:兴平市博闻印务有限公司
开　　本:787 mm×1 092 mm　　　1/16
印　　张:11.75
字　　数:188 千字
版　　次:2016 年 8 月第 1 版　　　2019 年 11 月第 2 次印刷
定　　价:45.00 元

前　言

　　导航技术在无人系统中至关重要,是保证无人系统能否执行任务并安全返航的基础。近些年来,随着计算机技术、图像处理技术、传感器技术和人工智能技术的发展,作为一种自主、无源、抗电子干扰、高分辨率视觉导航方式,景象匹配视觉导航在无人系统,如各种各样的地面机器人、无人驾驶汽车、水下机器人、无人飞行器等中得到越来越广泛的应用。景象匹配视觉导航(Scene Matching Visual Navigation,SMVN)作为一个新的导航方式被广泛研究。

　　针对面向复杂环境下无人系统自主安全导航的应用需求,本书对景象匹配视觉导航中各方面的技术发展状况进行分析,综述国内外研究现状,然后提出了各种可见光、红外等传感器下的景象匹配定位、适配区域分析与选择等问题的解决方法,并给出试验验证。全书共四部分,分为11章。第一部分包括第一章和第二章,综述景象匹配视觉导航的关键技术及研究现状,分析景象匹配辅助定位系统的组成部分以及相关预处理等;第二部分为各类单幅景象匹配算法,包括第三章~第六章,分别介绍单幅可见光与可见光景象匹配,红外与可见光景象匹配等算法;第三部分包括第七章~第十章,集中介绍多幅连续匹配算法;第四部分为图像适配区域分析与选择方法,包括第十一章,介绍一种基于CR-DSmT多指标融合的适配性分析方法。

　　本书得到国家自然科学基金"视觉导航的多特征适配区分度研究"(项目编

号：61074155），"融合视觉特性的交通视频雾霾去除方法研究"（项目编号：61471166），教育部博士点基金"基于图像稀疏特征的视觉导航适配性分析研究"（项目编号：20110161120006），湖南大学中央高校基本科研业务费项目，航空科学基金"复杂战场环境下编队飞行自主导航技术研究"（项目编号：20100853010）等项目的支持。

　　本书集合了凌志刚博士，李耀军博士，曲圣杰博士学位论文等相关研究成果。本书的撰写分工为凌志刚博士负责第一至四章，第七章的撰写，并与曲圣杰博士合作撰写了第十一章，同时负责本书的组织与统稿。李耀军博士负责第五、六、八、九、十章的撰写。潘泉教授和赵春晖副教授负责本书研究工作并撰写系统的指导和安排。本书编写工作还得到了项目组的程咏梅教授。梁彦教授和左军毅副教授等的大力支持。

　　在本书编写过程中，曾参阅了部分国内外相关文献资料，在此一并表示感谢。

　　由于水平有限，书中难免有错误和不妥之处，恳请广大读者批评指正。

著　者

2016 年 4 月

目 录

第一部分 景象匹配辅助导航进展与系统分析

第二部分 单幅景象匹配定位算法研究

第三部分 连续多帧景象匹配算法研究

第四部分　景象匹配适配性分析研究

第一部分

景象匹配辅助导航
进展与系统分析

本部分全面分析了景象匹配技术的发展、应用背景与研究意义，重点叙述了国内外在图像匹配技术、适配区域选择等方面的研究内容与方法，指出景象匹配导航的关键技术及亟待解决的问题。同时，以无人机为例对图像匹配辅助定位系统进行分析，详细讨论各个技术环节存在的关键问题，包括参考图像的制备、实时图像校正问题以及如何利用匹配位置计算无人机坐标等。

第一章 绪 论

1.1 引 言

目前,定位导航主要有惯性导航系统(Inertial Navigation System,INS)、全球定位系统(Global Position System,GPS)、无线电导航定位与航程推算等。惯性导航系统自主性好,可不依赖外来信息,也不向外辐射任何信息,短时精度高;其主要缺点是定位误差随时间快速积累,而高精度的惯性导航系统不但质量、体积较大,且造价昂贵。全球卫星导航系统(Global Navigation Satellite System,GNSS,包括 GPS,GLONASS,Compass 和 Galileo 等)定位精度高,其误差不随时间积累;但自主性能差,容易受干扰,且信息更新速率较低,难以满足高动态和某些场合的实时控制要求;尤其是这些卫星系统控制权不在我国,关键时刻可能无法使用,而我国的北斗定位系统目前尚处于发展阶段,因此在军事中 GNSS 暂时只能作为一种辅助导航系统[1]。无线电定位系统由无线电测控系统或雷达系统组成,通过发射机发射电磁波,接收机通过天线接收到信号,然后根据电磁波的速度及发射至回波间隔时间,测量出无人机相对地面站的距离,由测得的飞机方位角和俯仰角、飞行高度确定飞机的相对位置[2];它们的定位精度虽与时间关系不大,但易受干扰,而且必须依赖地面站。航程推算是通过无人机的空速、高度、姿态等传感器数据和风速,实时推算无人机的位置,其误差受机载传感器精度及风速测量的影响,并且会随时间的增加而积累[3]。由于单一导航系统往往无法满足实际要求,以惯性导航系统为主,其他导航系统为辅的组合导航系统已成为当前导航系统的主流[4-5],组合导航系统能大大提高导航系统的精确度和可靠性。

随着图像处理技术的发展,景象匹配导航作为一个新的导航系统被广泛研究。景象匹配系统是以区域地物为特征,采用图像传感器获取飞行或目标区附近的区域图像并与存储在飞行器上的基准图像匹配,获取飞行器的位置数据,借此修正由于长时间飞行造成的导航积累误差,从而可实现飞行器的精确导航。景象匹配具有定位导航精度高等特点,作为一种辅助导航定位方法,与惯性导航系统相结合,即可构成自主性很强的高精度导航系统[4-5],除了用于无人系统(包括无人飞行,巡航导弹等)的精确导航以外,景象匹配系统也可用于末制导,利用图像匹配搜索、识别、瞄准等实现精确打击,从而在某种意义上使无人系统具有了"视觉"能力。

1.2 景象匹配辅助导航系统研究现状

1.2.1 景象匹配辅助导航系统研究

早期的景象匹配导航系统主要用于巡航导弹的末制导。例如在 1974 年,美军在潘兴Ⅱ型导弹头部加装雷达图像末制导系统,导弹初始段和中段采用惯导,飞行末段采用雷达图像制导,使导弹命中精度提高了一个量级,增强了导弹作战能力。20 世纪 70 年代,美军开始研制的战斧-Ⅲ巡航导弹采用惯导+地形匹配+GPS+景象匹配制导,在导弹飞行中段采用惯导、GPS 和地形匹配导航,飞行末段采用景象匹配制导。景象匹配采用数字景象匹配区域相关器 DSMAC (Digital Scene Matching Area Correlator)[6-7],使巡航导弹在飞行几百甚至几千千米后命中精度达很高的程度。而 2005 年部署的战斧-Ⅳ上利用惯导、GPS 和合成孔径雷达图像进行中制导,利用红外成像进行末制导,可达到圆概率误差小于 5 m 的精度。

随着计算机技术、图像处理技术的发展,以及机载高速、大容量随机存储器和大规模集成电路的应用,大容量图像存储和实时处理成为可能,这为景象辅助导航技术在无人机导航系统上的应用创造了条件,并与惯性系统、GPS 系统等构成高精度的组合导航系统,从而提高无人系统导航的精度和自主性能,使得未来的无人系统具有自动识别目标等能力。

对于景象匹配算法的研究和硬件实现在很早的时候就已经开始,但由于保密等种种原因,公开报道相对较少,且主要是在一些大学与研究机构开展研究。1992 年美国 South Florida 大学计算机科学与工程学院对景象匹配算法和利用超大规模集成电路(VLSI)实现分层景象匹配算法进行了研究[8],并且与微电子研究中心合作开发出适合景象匹配的专门芯片 SMAC[9]。美国 Florida 大学[10]首先利用微型飞行器机载视频摄像系统拍摄地面图像,然后从图像中提取飞行器的俯仰角和横滚角信息,结合微型 GPS 对飞行器进行导航。美国 Georgia Tech 学院研制并测试了无人机视觉辅助导航系统,采用了文献[11]的基于对极几何约束的匹配算法,使用扩展卡尔曼滤波技术进行无人机状态估计。2006 年澳大利亚 Monash 大学电气与计算机系统工程学院[12]构建了基于视觉的无人机导航系统,作为 GPS 失效情况下的一种可替代的导航方式。韩国 Kwangwoon 大学图像处理系统实验室[13-14]利用机载成像传感器实现了一个完整的图像导航系统。系统分为相对位置估计和绝对位置估计两部分:相对位置估计利用相邻两帧图像建立立体成像模型更新飞行器位置信息;绝对位置估计采用景象匹配或地形匹配,矫正相对位置估计误差。瑞典 Linkoping 大学 UASTech 实验室[15]针对无人机定位进行研究,利用航程计、惯性和景象匹配提出了一种适用于 GPS 失效情况的无人机导航系统[16]。

国内多所高校、研究所也在开展景象匹配辅助导航技术研究。如北京航空航天大学现代数字导航技术实验室[17]对景象匹配算法及惯性/GPS/地形匹配/景象匹配组合导航系统开展了大量研究,并且已为景象匹配技术研发出基于基准图上施加噪声/误差的仿真平台、基于在线获取实时图像/离线仿真的仿真平台和基于基准图的景象匹配综合实验装置与实时仿真平台等 3 种不同类型的仿真平台,对于提高精确导航/制导武器的打击精度具有较高的价值。而南京航空航天大学导航中心[18]依托国防科技基金项目"捷联惯性/合成孔径雷达双向信息融合技术研究"的支持,对利用光学、合成孔径雷达(SAR)构成的景象匹配辅助导航系统中的相关图像匹配技术和方法进行了研究,取得了一些有益的成果,并提出了一整套可应用于合成孔径雷达景象匹配辅助导航系统的实时图像匹配算法[19-22]。华中科技大学图像识别与人工智能研究所[23]在光学图像、SAR 图像等景象匹配技术、组合导航以及图像匹配制导等方面开展大量的研究,并取得很多成果[24-26],并与中国航天工业总公司某研究所共同进行了"巡航导弹末制导下视景象匹配技术研究"。另外,火箭军工程大学①在图像预处理、匹配算法设计、匹配区域选择以及匹配适配性分析等方面进行了大量的研究[27-29]。

①原第二炮兵工程大学。

1.2.2 图像匹配技术综述

景象匹配系统的功能是利用图像中的地物景象进行匹配处理,从而为惯性导航系统提供精确定位信息,修正其积累误差,引导飞行器到达预定目标。该系统的基本工作原理:事先利用侦察手段获取飞行器预定飞行区域的地物景象作为基准图像存于飞行器机载计算机中;然后,当携带相应图像传感器的飞行器飞过预定的区域时,即可获取当地图像,并按像素点分辨率、飞行高度和视场等参数生成一定大小的地物景象作为实测图像送到匹配计算机中;在匹配计算机中,将实测图像和基准图像进行相关匹配比较,找出实测图像的位置,由于基准图的地理坐标位置(或与目标的相对位置)是事先知道的,因此,根据与实测图的匹配位置,即可以确定出当前飞行器的准确位置,完成定位功能[30-31]。其中,图像匹配技术是景象匹配导航系统的核心所在,其性能的好坏决定了导航系统的总体性能[32]。

图像匹配是指把两个从相同或不同传感器在同一区域获取的两幅图像在空间上进行对准,以确定出这两幅图像间相对位置关系的过程。由于一般情况下惯性导航系统能提供高度、航向等辅助信息,在预处理中可以对实测图像进行校正处理,使得校正后的实测图像与基准图像间旋转、尺度差异一般相差不大。也就是说景象匹配中的图像匹配问题属于一类典型的窄基线(short baseline)图像配准问题,它的主要目标是搜索实测图像在基准图像中的最佳匹配位置[33-34]。针对景象匹配导航系统,人们提出了许多图像匹配方法,这些方法基本可以分为三类:基于灰度区域的匹配方法,基于特征的匹配方法和基于解释的图像匹配方法。

一、基于灰度区域的匹配方法

基于灰度区域的匹配方法直接利用图像灰度信息进行相似性度量匹配,这类算法的性能主要取决于相似性度量及搜索策略的选择。这类算法已发展得比较成熟。常用的相似性度量算法有平均绝对差算法、平均平方差算法[35]、归一化互相关算法、序贯相似性检测算法[36]、互信息算法[37-38]、快速傅里叶变换[39]、相位相关算法[40-41]、频域相关法[42]、模糊信息算法[25]、图像直方图与投影特征法[43-45]、主成分分析法[46]等。目前,在飞行器导航中所采用的基于灰度区域的匹配算法主要有平均绝对差算法和归一化互相关算法。

基于灰度区域的匹配方法简单，不需要进行图像分割和图像特征提取，但由于灰度信息易受天气、光照、噪声及各种外部因素的干扰，灰度相似性不如几何特征的相似性稳定，抗几何变形能力差，其匹配定位精度和可靠性难以保证；同时，需要检测两幅图像中所有对应像素灰度的相似程度或差异程度，匹配运算量随图像大小的增加迅速增大。

二、基于特征的匹配方法

基于特征的匹配方法首先从匹配图像中提取特征，用相似性度量和一些约束条件确定实测图像在基准图像中的位置。其计算量与特征的数量有关，从而可以大大提高运算速度；基于特征的匹配算法可以引入估计匹配图像间的几何失真机制，从而使匹配算法具有抗图像几何失真的能力，能有效地消除由于背景、局部环境或光照等造成的局部辐射失真引起的误匹配；另外，也可用于异类传感器成像的图像匹配。因此基于特征的匹配方法受到重视并得到广泛的研究，且在实际中的应用越来越广泛[12,19-20,47-49]。特征匹配算法主要包括图像特征提取和特征匹配两个关键步骤。

在图像特征提取阶段，要求特征容易检测，且对图像噪声、变形不敏感，在理想情况和图像变形的情况下，特征提取方法都应能较好地提取特征。在特征匹配阶段，由于成像条件的变化或成像传感器的不同，同一地物反映出不同的频谱特性，因此要求选择特征和相似性度量必须考虑这些因素，并且要求特征匹配算法对微小的意外特征和噪声有一定的适应性。但在实际应用中，目前还没有找到一种能够满足各种应用要求的匹配算法，而是针对特定的应用环境采用和设计相应的匹配算法及其相关处理程序。根据所用特征的不同，目前基于特征的匹配方法大体可分为基于点特征匹配方法、基于线特征匹配方法和基于区域特征匹配方法等。

1. 基于点特征匹配方法

基于点特征匹配方法是先提取图像的角点[48,50-51]、边缘点[49,52]、线交叉点或分支点[19-20,26]等特征，然后进行特征匹配。点特征的匹配方法主要包括Hausdorff 距离匹配方法[19,26]、松弛匹配技术[53-55]、Hough 变换匹配[56]以及点匹配函数优化法[57]。其中 Hausdorff 距离计算快捷、不需要点对点精确匹配，对局部非相似变形不敏感，因此在图像匹配、识别等方面得到了广泛的应用。但经典 Hausdorff 距离采用的最大最小距离对出格点噪声和遮挡敏感，即使两个图像非常相似,少数出格点的存在也可能会导致距离计算的严重错误。许多研究者对其进行了改进[14,19,58-60],如 Huttenlocher 等人[58]提出部分 Hausdorff 距离来处理含有严重遮挡或退化问题的图像;而冷雪飞等人[19]先提取出图像中的边缘点和分支特征点,然后依据边缘点和分支特征点对 Hausdorff 有向距离贡献大小的不同,采用加权 Hausdorff 距离(Weighted Hausdorff Distance,WHD)进行图像匹配,获得了较好的结果。而针对松弛匹配技术在实际应用中受到运算量大、匹配速度慢的限制,文献[61]给出了用 Hopfield 神经网络实现概率松弛过程的一种方法,并实现了二值化门限的功能。文献[62-63]利用 Hopfield 神经网络实现了点特征匹配。

2. 基于线特征匹配方法

基于线特征匹配方法是采用基本直线[64-65]、目标轮廓曲线[66-67]、道路[68]及道路网结构[69]等作为特征,然后采用链码匹配[67]、正则化小波描述子[70]、小波描述矩[71]、特征一致性(feature consensus)[72]和傅里叶描述子[73]等技术进行匹配。文献[74]提出了利用线特征的相对位置关系完成航空照片和地图配准的松弛匹配技术,但该方法当图像间存在旋转变化时效果很差。文献[75]提出了利用线特征相对方位的松弛匹配算法,可以估计图像间的旋转角度。文献[76]则利用特征一致性(feature consensus)[72]思想,并通过计算结构特征边缘的斜率分布直方图的互相关值来估计图像之间的旋转角度。文献[77]利用线特征间夹角和长度比具有相似不变性的性质,建立直线长度比直方图和角点差直方图估计图像变换参数。基于线特征的匹配多数利用了夹角和长度比的不变性等特点,首先估计图像间的比例和旋转因子,然后建立特征间的对应关系,确定最终变换参数。文献[78]则采用轮廓线不变矩来实现图像匹配。

3. 基于区域特征匹配方法

基于区域特征匹配方法是提取具有显著特征的封闭轮廓区域,如水库、湖泊、建筑物或点特征的局部区域等,然后采用各种相似性度量函数[79]或不变特征描述子,如 Hu 不变矩[80]、Zernike 矩[81-82]、SIFT 描述子[83-84]等,对区域进行抽象描述,并利用相似性度量函数值或特征描述子的相关性建立特征间的对应关系,确定图像变换参数。如文献[83]利用 SIFT 算子[85]具有尺度、旋转和对光照鲁棒的特点,提出一种适用于大视场下的景象目标快速匹配算法。而文献[80]在以特征点为中心的局部区域构建 Hu 不变矩描述子,然后度量特征点对应的描述子之间的相似性来实现特征点之间的匹配关系。文献[86]提出了虚拟圆(virtual circles)区域特征,虚拟圆是边缘特征的最小内切圆,具有比例不变性。

尽管基于特征匹配方法具有很多优点,但算法复杂,而且往往由于特征的不完全提取,导致正确匹配率较低。

三、基于解释的图像匹配方法

基于解释的图像匹配方法建立在对图像正确解释的基础上。该方法首先需要建立模型,以及模型与现实世界物体或现象之间的对应关系,然后利用图像的结构特征或关系特征作关联搜索,建立图中结点之间的关系,再借助语义网络、框架理论和图论方法寻求解决匹配问题,但目前这种匹配方法远不成熟。

由于实测图像与基准图像的成像时间条件不同,经预处理校正后的实测图像与基准图像之间仍然会存在着不同程度的灰度差别、几何失真、旋转与尺度变化等,从而导致错误匹配。为此,研究者们提出了一系列改进方法,如随机符号变化规则、增量符号相关[87]、不变矩等算法。采用对数极坐标[88-89]、圆投影[90]、局部不变描述子[91]、不变矩[92]、Fourier-Mellin 变换[93]以及直线倾角直方图不变矩[44]等方法先对图像进行变换,然后再进行匹配处理来克服旋转与尺度变化的影响。为了提高图像匹配定位精度,提出了快速傅里叶变换、相位相关[94]、最小二乘法[20,95]、贝叶斯[96]等匹配方法。为进一步提高图像匹配算法的鲁棒性,研究学者采用各种约束条件,如多子区[49]及空间几何约束关系[97-98]、时空关联[47]、三视约束关系[99]、对极几何约束[100]以及多帧匹配一致性决策[101]等来剔除错误匹配点,从而实现图像的稳健匹配。

由于景象匹配过程中需要在大范围内搜索,这样会大大增加匹配计算量。围绕减少搜索空间和提高匹配速度问题,人们相继提出了序贯相似性检测的算法(SSDA)、多级模板匹配、金字塔多分辨技术[102]或采用遗传算法[26]、粒子群算法[103]与蚁群算法[104]等快速优化搜索算法来实现图像的快速匹配。

1.2.3 匹配区域适配性分析研究现状

为了获得高性能的定位结果,景象匹配辅助导航系统在提高匹配算法性能的同时,还需选择合适的适配区域,这样才能使高性能的匹配算法"有的放矢"。景象匹配适配性分析是景象匹配导航系统中一项用于预先评估、分析匹配性能的专业技术。该技术可根据景象匹配导航系统对匹配性能的要求,当在基准图选择时,通过对候选景象覆盖区域匹配性能的分析、预测和评价,确定该区域是否可作为景象匹配区。景象匹配适配区域选择是景象匹配导航系统应用必须解决的首要问题,也是景象匹配算法得以工程应用的关键,因此对景象匹配区域进行适配性分析、研究如何选择高性能的适配区域具有重要意义。

景象匹配区域适配性分析研究是伴随着景象匹配在组合导航中应用的深入而发展起来的。M. W. Johnson 等人[105]基于一系列基本假设(即基准图和附加噪声都是平稳各态历尽的高斯过程)最先给出了正确匹配概率定义和近似理论估计方法,奠定了景象匹配算法性能研究的理论基础。在 Johnson 的假设下,Ratkovic 等人[106]所建立的信噪比与正确截获概率间的关系成为关于景象区域适配性较早的理论研究。但随着研究的深入,国外有关文献逐步转向研究图像配准与目标跟踪背景下基于特定兴趣区域(Region of Interest,ROI)的特征提取和特征选择问题。然而,关于组合导航背景下图像 ROI 选择的文献始终非常有限,反而是国内许多高校与研究所的研究团队,如国防科技大学的沈林成小组[107-109]、华中科技大学图像所[110-112]、火箭军工程大学[113-114]、上海交通大学图像处理与模式识别研究所[115-116]等对景象匹配区域适配性分析展开了深入的研究[117-119],并指出正确匹配概率与匹配精度是评价景象匹配性能的重要指标。刘扬[120]和王刚[121-122]等人则进一步分析了正确匹配概率与信噪比、独立象元数的关系,指出可用信噪比、独立象元数和匹配次数来计算正确匹配概率及匹配精度。根据所依据原理的不同,目前匹配区域适配性分析方法可分为直接基于图像信号相关计算的方法与基于综合特征评价的方法两类。

一、直接基于图像信号相关计算的方法

直接基于图像信号相关计算的适配性分析方法是将匹配问题看作某个信号序列在另一个由该信号序列变形而来的信号序列中的定位问题。在对变形信号(实时图)参数作适当假设(如 Johnson 假设)之后,利用两信号的相关度来衡量区域的适配性能。如王晓静等人[123]假设图像的相关函数为白噪声,提出一种根据最小相关长度来选择最佳匹配区的方法;针对 Johnson 假设理论中景象信号和附加噪声是零均值齐次高斯随机场不符合实际情况等,张国忠与张涛等人[124-125]建立景象的离散分数布朗随机场模型,并提出了基于分形特征的景象适配性分析方法。此类方法优点是参数确定后能对景象区域适配性结果给出深入的理论评价,但假设的参数模型往往不符合实际情况,同时所需参数往往难以获取[107]。

二、基于综合特征评价的方法

基于综合特征评价的适配性分析方法是通过对图像像素点及区域特征进行综合评价来确定区域的适配性能。Xie Yabin[126]从基准图频域内重复模式的度量以及重复模式占参考图百分比来定量分析基准图的可匹配度;江标初等人[127]从匹配区的信息量、稳定性和唯一性角度,提出了一种多层次分级选择方法来计算最佳的景象匹配区。然而,上述方法基本上都只考虑了单一因素造成的影响,忽于综合特征评价的适配性分析方法是通过对图像像素点及区域特征进行综合评价来确定区域的适配性能。Xie Yabin[126]从基准图频域内重复模式的度量以及忽略了多个图像特征在影响匹配性能时相互之间的联系,因此选取的景象匹配区并不可靠。杜菁等人[111]建立了 SNR 的三维模型,用来计算图像的重复模式、信噪比与匹配概率间的关系模型,但该方法没有考虑边缘特征,而且不同景象匹配算法对不同特征的基准图具有各自特定的适应性,若单纯对预选基准图自身特征参数进行统计分析,并不能保证使用的匹配算法达到较高的匹配概率。李俊等人[116]首先采用匹配相关面主峰曲率、可跟踪度及特征密度三种局部稳健性度量指标,然后借助简化 Mumford-Shah 模型算法将基准图像划分为适配区和非适配区;基于视觉内容的自相似性,Pang Shaoning[128]建立匹配概率的预测模型,然而该方法计算量巨大。文献[129-130]先针对边缘密度、图像熵等多个具有较强代表性的适配性指标进行适配性度量,然后通过加权组合的方法求得最终适配性值,但权值往往难以准确获取。鉴于影响景象适配性能的特征参数因素较多,并且各因素之间相互联系与制约,使得其与匹配性能的关系难以显性描述,Zhang Guozhong[131]建立了一个以规则为基础的专家系统,但该系统的主要决策规则难以把握,实际应用困难;一些学者[110,115,132-133]采用支持向量机、神经网络等统计实验方法将图像中任意区域的匹配概率估计问题转化为待估区域内像素的分类问题,从定量角度衡量导航基准地图中各个区域的匹配性能,为图像适配性分析带来了新的思路,但需要借助大量的仿真统计实验。为了使综合特征量能准确而简洁地反映景象匹配区域的适配性能,卜彦龙[108,134]在特征空间中依靠遗传进化算法获得诸基本适配特征在给定效能评价函数下的最优合成方式,将所得最优合成特征作为综合适配特征,用以对给定 SAR 景象区域的适配性能进行准确预测。这些基于综合特征评价的适配性分析方法通过从图像信息的不同角度反映图像适配性能,虽然直观,但没有揭示各类图像特征对景象匹配性能的作用机理,而且在确保图像特征信息完备性的同时,也带来了大量的冗余信息,增加了计算复杂度。

1.3　景象匹配辅助导航关键技术

景象匹配过程通常包括:图像源选择与图像特征提取,相似性测度(如灰度相关准则、空频域特征的准则和几何准则等),匹配搜索策略以及虚假匹配发现等过程。国内外对景象匹配开展了大量的研究工作,并已取得了较好的研究成果。但由于使用环境条件恶劣,景象匹配辅助导航定位仍然存在不少难点问题。

1)景象匹配定位辅助导航系统中,基准图是在地面事先制备的,而实测图是在运动过程中实时获取的,由于成像时间等自然条件、成像传感器不同等因素,实测图与机载基准图间存在不同程度的灰度或分辨率差异和图像非线性失真以及旋转与尺度变化等问题,因而图像的配准点往往不在主峰值,从而造成错误匹配。所以,如何根据图像选择稳定的特征及匹配方法来提高图像匹配的适应性一直是景象匹配技术研究的热点和难点问题。

2)在匹配过程中,需要在基准图像中的较大范围进行搜索匹配,且计算量较大,难以满足导航系统的实时性要求,因此用于飞行器导航的图像匹配算法,首先必须计算速度快,从而满足实时处理的要求。

3)景象匹配辅助导航系统在提高匹配算法定位精度的同时,还需选择合适的适配区域,但是目前关于景象匹配区域选择的适配性分析尚无成熟的解决方案。

总之,如何设计计算快速、适应性强和定位精度高的图像匹配算法以及选择合适的适配区域仍然是景象匹配技术研究的热点和难点问题。

第二章 景象匹配辅助定位系统分析

本章主要以无人机为例对图像匹配辅助定位系统进行分析,详细讨论各个技术环节存在的关键问题。本章内容安排如下:2.1 节对景象匹配定位问题进行简要介绍;2.2 节讨论参考图像的制备问题;2.3 节讨论实时图像的坐标校正问题;2.4 节讨论如何利用匹配位置计算无人机坐标。

2.1 景象匹配定位问题描述

景象匹配是把两个相同或不同传感器对同一景物的成像在空间进行对准,确定两幅图像之间相对位置关系,进而根据基于匹配的定位来确定飞行器的位置用以实现导航误差的校正的过程。具体过程描述如下:首先必须获得预定飞行航路下的影像图(通过预先航空侦察或卫星遥感成像)并进行数字化处理,确定影像图的地理坐标位置,作为景象匹配中的参考图像,并预先存储在飞行器的机载计算机中,其中单次匹配采用的参考图像尺寸取决于导航系统误差。当飞行器进入预定图像匹配区域时,机载成像传感器获得地面影像的实时数字图像,经过校正后的实时图像与参考图像进行图像匹配运算,得到实时图像在参考图像中的最佳匹配位置,利用匹配位置和其他参数可以计算出飞行器的地理坐标,进而确定飞行器的航迹误差,实现对导航系统的误差校正。图2-1所示为飞行器的景象匹配定位原理示意图。

一个完整的景象匹配辅助定位系统主要包括以下环节:

1)参考图像的获取与处理;

2)实时图像的获取、几何校正与预处理;

3)根据实际情况采用合适的图像匹配算法;

4)根据匹配结果和其参数确定飞行器的位置坐标;

5)利用导航系统信息对辅助定位结果进行判断,最终确定航迹误差,实现对导航系统的校正。

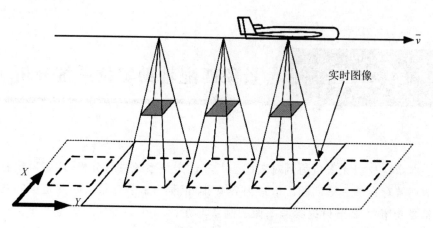

图 2-1　景象匹配定位原理示意图

实时图像根据飞行高度、稳定平台参数、摄像机内部参数、飞行姿态参数和参考图像参数进行几何校正与灰度校正等过程，然后实时提取特征；系统根据导航系统提供的位置信息及定位误差确定参考图像的尺寸，参考图像的特征可以预先处理得到，以特征库的形式存储；实时图像在参考图像内进行匹配运算，得到匹配位置的地理坐标，利用姿态参数、飞行高度和平台参数可以计算出飞行器的位置坐标；系统在匹配区域内进行多次匹配，结合航程推算接轨判断匹配正确性，最终得到航迹误差，根据航迹误差对导航系统进行校正，使飞行器调整姿态沿着正确的航线飞行。景象匹配辅助定位系统结构框图如图 2-2 所示。现在对参考图像制备、实时图像处理、图像匹配与坐标定位等环节分别进行介绍与分析。

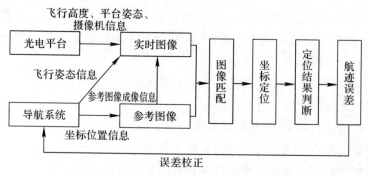

图 2-2　图像匹配辅助定位系统结构框图

2.2 参考图像的制备

景象匹配中,参考图像需采用数字正射影像图(Digital Orthophoto Map, DOM)。DOM 是一种用数字处理的方法获得的既有地物影像又有等高线的地图,它是地面影像的垂直投影,图中比例尺处处相同。由航拍得到的地面影像不能直接作为参考图像。这是由于航拍图像是中心投影图像,像平面的倾斜和地形起伏引起的倾斜误差和投影误差使航拍图像和 DOM 间可能存在较大差异,因此必须对航拍图像进行纠正处理后才能作为参考图像使用。一般情况下,由中心投影图像生成 DOM 须采用基于数字高程模型(Digital Elevation Map,DEM)的数字微分纠正方法。DEM 可以通过对立体像解析摄影测量或数字摄影测量生成,也可由相应比例尺地形图等高线数字化后再经内插计算生成。数字微分纠正方法是利用原始影像的外方位元素,并根据纠正地区的DEM,通过数字变换,纠正原始影像倾斜带来的误差和地形起伏引起的投影差的过程。在摄影测量情况下,共线条件方程决定了投影中心点、像点和物点间的几何关系,考虑了地面起伏及影像倾斜等因素,是一种严格的纠正。像点和物点存在如下关系:

$$
\left.
\begin{aligned}
x &= f\frac{a_1(X-X_s)+b_1(Y-Y_s)+c_1(Z-Z_s)}{a_3(X-X_s)+b_3(Y-Y_s)+c_3(Z-Z_s)} \\
y &= f\frac{a_2(X-X_s)+b_2(Y-Y_s)+c_2(Z-Z_s)}{a_3(X-X_s)+b_3(Y-Y_s)+c_3(Z-Z_s)}
\end{aligned}
\right\} \tag{2-1}
$$

式中,x,y 为像点的像空间坐标;f 为相机焦距;X_s,Y_s,Z_s 为摄站点的物空间坐标;X,Y,Z 为地物点的物空间坐标;a_i,b_i,c_i 为影像的外方位元素组成的 9 个方向余弦。纠正方法如图 2-3 所示,设 P_0 为纠正影像上任一像点,给定投影面对应的高程值 Z,可以求出 P_0 在投影面上的平面坐标 (x_0,y_0) 与 P_0 相对应的原始影像上的像点 P,其对应的地面点在投影面上的投影坐标也为 (x_0,y_0),因此根据 (x_0,y_0) 以及 DEM 信息就可以求得原始像点对应的地面点的坐标 $(x_0,$

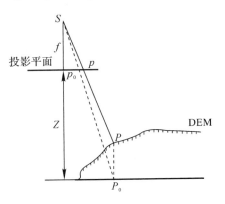

图 2-3 数字微分纠正方法示意图

$y_0, Z_p)$,代入共线条件式(2-1)即可得到原始影像上对应的像点(x, y),经重采样得到纠正后像点的灰度值。

上述方法是一种较为精确的纠正方法,需要纠正影像区域的 DEM 及专用的处理设备,这种 DOM 一般由专业制图部门提供,生产周期长、更新慢。对于平坦地区可以直接采用多项式纠正方法,不需要 DEM 信息,得到近似的 DOM。该方法直接利用平坦地区的相应比例尺地图的数字化成果,例如数字栅格地图或数字划线图,与航拍影像上提取的地物线进行配准,从而实现正射影像纠正。这是一种简单、快速的方法,适合于战时使用。具体处理方法是根据待纠正影像与地图上共有的特征,把影像分割成特征单元,在每个单元内用多项式替代共线方程,实现局部纠正。

2.3 实时图像预处理

2.3.1 实时图像增强

由于飞行器中成像监控系统受环境影响较大,在雾霾、水气、雨、雪、低光照等条件下,图像质量严重退化,如色彩黯淡、能见度降低,甚至图像特征变得模糊难以提取,且含有大量噪点。这些严重影响和限制了景象匹配系统正常有效的工作,而为保证成像系统的正常工作,往往需要添加补光或红外光源等硬件设备,无疑极大地增加了系统的成本。显然,分析研究低能见度条件下图像退化机理及复原与增强技术,去除天气因素对图像质量的影响,增强图像的能见度,对提高景象匹配系统的在恶劣天气条件下的性能具有重要现实意义。

1975 年,McCartney 根据 Mie 散射理论最先提出了大气散射的两个主要传输模型[135]:直接衰减模型(attenuation)和天空光模型(airlight);Narasimhan 和 Nayar 基于 McCartney 的衰减模型和环境光模型,提出了单色大气散射模型(Monochromic Atmospheric Scattering Model,MASM)[136],用以描述雾霾天气条件下的退化过程,目前几乎所有的基于模型的图像去雾复原方法都是基于该模型展开的研究。其数学表达式为

$$I(x) = L(x)e^{-\beta l(x)} + A(1 - e^{-\beta l(x)}) \tag{2-2}$$

式中,x 为像素坐标;A 表示大气光值(天空亮度);$L(x)$ 为场景照度;$d(x)$ 为场景景深;β 为大气散射系数。常将 $t(x) = e^{-\beta d(x)}$ 称作大气传输值。$L(x)e^{-\beta l(x)}$ 为直接衰减项,表示物体表面反射光经大气粒子散射作用之后进入成像系统的部

分,它随光线传播距离的增加成指数衰减。$A(1-\mathrm{e}^{-\beta l(x)})$ 为环境光干扰项,它随着光线传播距离的增大而增强。求解该模型估算出参数 $L(x)$ 就可以得到视觉清晰的图像。由于该模型包含 3 个未知参数 A, t 与 L,从本质上讲,这是一个包含多个未知数方程的病态反问题。依据在模型的优化求解过程中所需要的成像系统或成像场景附加信息的不同,这类方法又可细分为基于不同偏振度的多幅图像复原方法[137]、基于不同天气条件下的多幅图像复原方法[138]、基于景深的去雾复原方法[139] 以及基于数据先验假设的复原方法[140]。为了去雾霾增强实时图像,我们提出了一种基于人眼视觉特性的图像雾霾去除方法。

根据韦伯-费希纳定律可知,人眼视觉在亮区域对光照变化比在暗区域要敏感,其公式如下:

$$\Delta S = k\frac{\Delta R}{R} \qquad (2-3)$$

式中,R 是初始背景激励;ΔR 为激励变化量;ΔS 是人眼感知变化量。雾霾图像往往亮度较高,人眼对亮度变化不敏感。雾霾图像中,其背景激励可以通过低通滤波器来估计,而信号与初始激励的变化则可借助局部的方差来近似估计。则人眼视觉感知差异可描述如下:

$$\Delta S = \frac{\mathrm{std}(Y)}{\mathrm{mean}(Y)} = \frac{\sqrt{\frac{1}{n}\sum_{i=1}^{n}(y_i-\overline{Y})^2}}{\overline{Y}} \qquad (2-4)$$

式中,$\overline{Y}$ 为 Y 的均值。雾霾图像中,$\overline{Y}$ 趋近高亮度的大气光,而由于大气的散射等作用,$\mathrm{std}(Y)$ 偏小,从而导致 ΔS 偏小,人眼感知图像模糊。由于 $\mathrm{std}(Y)$ 计算相对复杂,采用对 Y 进行低通滤波后图像的梯度幅值来近似估计,则有

$$\Delta S = \frac{\Delta Y}{Y} \qquad (2-5)$$

考虑 Koschmieder 提出的大气模型,针对雾霾去除后的清晰图像的人眼视觉感知差异,有

$$\Delta S(t) = \frac{\Delta L(x)}{L(x)} = \frac{\Delta I(x)/t}{\dfrac{I(x)-A}{t}+A} = \frac{\Delta I}{I-A+At} = \frac{\Delta I(x)}{I(x)+A(t-1)} \qquad (2-6)$$

其中,假设 t 在像素 x 局部区域内为常值。式(2-6)中,当 t 减少时,ΔS 值会增加,意味着人眼能更好地感知光照变化。这跟雾霾去除是一致的,当 t 减少时,雾霾去除越彻底,图像边缘复原越清晰。然而,当图像背景亮度 $I(x)+A(t-1)$ 过暗,即亮度值比较小时,人眼对固定亮度变化 ΔL 的亮度感知变得不敏感。为

此,定义补偿函数如下:

$$B(t) = L \times \frac{\Delta J_0(x)}{J_0^2(x)} = \left(\frac{I-A}{t} + A \right) \times \frac{\Delta J_0(x)}{J_0^2(x)} \qquad (2-7)$$

式中,$J_0(x)$,$\Delta J_0(x)$ 分别为理想的背景亮度及对应的亮度差异。当 t 减少时,雾霾去除越彻底,$B(t)$ 越小,意味着图像越暗。为此,定义最终的目标函数如下:

$$O(t) = [\Delta S(t) - B(t)]^2 = \left\{ \frac{\Delta I(x)}{I(x) + A(t-1)} - \left[\frac{I(x)-A}{t} + A \right] \times \frac{\Delta J(x)}{J_0^2(x)} \right\}^2$$

$$\qquad (2-8)$$

则对于每个像素的对象的最优大气传输值应为

$$t = \underset{t}{\operatorname{argmin}} O(t) = \underset{t}{\operatorname{argmin}} [\Delta S(t) - B(t)]^2 \qquad (2-9)$$

令式(2-8)满足如下两个条件:

$$\frac{\partial [O(t)]}{\partial t} = 0 \qquad (2-10)$$

$$\frac{\partial^2 [O(t)]}{\partial^2 t} \geqslant 0 \qquad (2-11)$$

即可获得最优解为

$$t(x) = 1 - \min_{c = \{r,g,b\}} \left[\frac{I_c(x)}{A_c} - \alpha_c(x) \right] \qquad (2-12)$$

式中,$\alpha_c(x) = \dfrac{J_0(x)^2 + \sqrt{4J_0(x) + 4K_c(x)A_c[A_c - I_c(x)][J_c(x)]^2}}{2K_c(x)A_c^2}$,其中 $K_c(x) = \Delta J_0(x) / \Delta I_c(x)$ 是期望对比度增益系数。

显然,给定雾天图像与 $J_0(x)$,t 是一个关于参数 K 的单调递减函数,当 K 越大时,t 越小;反之,t 越大。同时,集合 RGB 颜色通道与局部区域信息,最优解可进一步写成

$$t(x) = 1 - \min_{y \in \Omega(x)} \min_{c = \{r,g,b\}} \left[\frac{I_c(x)}{A_c} - \alpha_c(y) \right] \qquad (2-13)$$

特别地,当 $\alpha_c(y) = 0$ 时,最优解即等于暗通道理论解。为了彻底去除雾霾,期望大气传输值 t 尽可能得小,但偏小的大气传输值 t 又会降低去雾后图像的亮度,同时会导致天空等饱和区域放大图像噪声。因此,我们拟通过控制增益系数 K 来实现图像雾霾的去除。

而由式(2-12)可知,大气传输值在图像颜色值给定的条件下,取决于图像梯度幅值 ∇I_c 与调节参数 K,∇I_c 值越大,大气传输值越高,去雾效果越差,反

之,大气传输值越低,去雾效果越好。但图像中梯度幅值往往复杂多变,而且根据大气散射模型,大气传输值 t 只与传输距离及大气散射系数有关,而与图像梯度无关。因此,为避免图像梯度幅值频繁变化而导致去雾效果较差,修正图像梯度幅值如下:

$$\nabla I'_c = \begin{cases} J_{nd}, & \nabla I_c \geqslant J_{nd} \\ \nabla I_c, & 其他 \end{cases} \tag{2-14}$$

为此,将 $\nabla I'_c$,$K = \Delta J(\mathbf{x})/J_0$,原始图像 I 以及大气光照 A 代入公式,即可计算出大气传输值。在得到初始大气传输图后,采用引导滤波器[213]来细化 $t(\mathbf{x})$,进而恢复出清晰的图像。部分试验结果如图 2-4 所示,其中 J_{nd},K 与 J_0 分别为3,100 和 128。

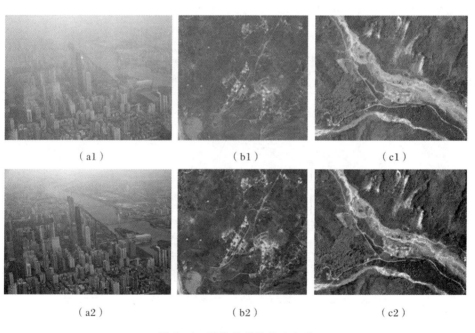

（a1）　　　　　　　　（b1）　　　　　　　　（c1）

（a2）　　　　　　　　（b2）　　　　　　　　（c2）

图 2-4　图像增强结果示意图

2.3.2　实时图像几何校正

飞行器在飞行过程中,由于飞行姿态的不同导致实时图像出现几何畸变,实时图像预处理的主要工作是根据光电平台信息、飞行姿态信息、摄像机内部参数将实时图像矫正到垂直拍摄状态,使之与参考图像具有共同的参照基准。

为了说明主要问题,现作以下假设:摄像机固定安装在飞行器下,光心与飞机质心重合,摄像机坐标系与体轴系重合(实际情况中,考虑光电平台姿态信息只需再进行一次旋转矩阵变换);采用前投影模型对成像过程进行描述。

图 2-5 所示为实时图像成像及几何矫正示意图。图中,$OXYZ$ 为机体坐标系(简称体轴系:原点 O 为飞机质心;纵轴 OX 平行于机身轴线或对称面机翼弦线,指向前方;横轴 OY 垂直对称面,指向右翼;竖轴 OZ 在飞机对称面内,垂直于 OX 轴,指向下方,且与 OX 轴,OY 轴形成右手坐标系),$OX_gY_gZ_g$ 为飞行器牵连铅垂地面坐标系(其原点在飞机质心,每个坐标轴的方向与铅垂地面固定坐标系的对应方向相同,铅垂地面固定坐标系的 X 轴方向和 Y 轴方向与当地水平坐标系相应坐标轴方向相同),$OX_dY_dZ_d$ 为当地水平坐标系,其坐标轴方向与 $OX_gY_gZ_g$ 坐标轴同向。

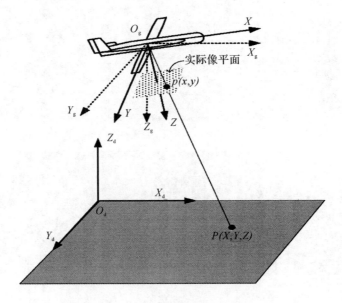

图 2-5 图像坐标变换示意图

利用上述坐标轴系,可以描述无人机的运动状态:飞行器在空间的位置,用飞行器质心在铅垂地面固定坐标轴系中的坐标值来确定;飞行器在空间的姿态,由机体坐标轴系相对于飞机牵连铅垂地面坐标轴系的角度来确定。飞行器的姿态角如下:

ω——俯仰角,飞行器纵轴 OX 与水平面 OY_gZ_g 之间的夹角;

θ——偏航角,飞行器纵轴在水平面上的投影与地轴之间的夹角;

ϕ——滚转角,也称倾斜角,飞行器对称面 OXZ 与包含纵轴的铅垂平面之间的夹角。

铅垂地面固定坐标系与机体坐标系的坐标变换关系为

$$\begin{bmatrix} X \\ Y \\ Z \end{bmatrix} = \boldsymbol{R} \begin{bmatrix} X_g \\ Y_g \\ Z_g \end{bmatrix} \qquad (2-15)$$

$$\boldsymbol{R} = \begin{bmatrix} 1 & 0 & 0 \\ 0 & \cos\phi & \sin\phi \\ 0 & -\sin\phi & \cos\phi \end{bmatrix} \begin{bmatrix} \cos\omega & 0 & -\sin\omega \\ 0 & 1 & 0 \\ \sin\omega & 0 & \cos\omega \end{bmatrix} \begin{bmatrix} \cos\theta & \sin\theta & 0 \\ -\sin\theta & \cos\theta & 0 \\ 0 & 0 & 1 \end{bmatrix} =$$

$$\begin{bmatrix} \cos\omega\cos\theta & \cos\omega\sin\theta & -\sin\omega \\ \sin\phi\sin\omega\cos\theta - \cos\phi\sin\theta & \sin\phi\sin\omega\sin\theta + \cos\phi\cos\theta & \sin\phi\cos\omega \\ \cos\phi\sin\omega\cos\theta + \sin\phi\sin\theta & \cos\phi\sin\omega\sin\theta - \sin\phi\cos\theta & \cos\phi\cos\omega \end{bmatrix} \quad (2-16)$$

根据透视成像模型,实际像平面坐标为

$$\left. \begin{aligned} x &= f\frac{X}{Z} \\ y &= f\frac{Y}{Z} \end{aligned} \right\} \qquad (2-17)$$

式中,f 为相机焦距。校正后像平面坐标为

$$\left. \begin{aligned} x_g &= f\frac{X_g}{Z_g} \\ y_g &= f\frac{Y_g}{Z_g} \end{aligned} \right\} \qquad (2-18)$$

设

$$\boldsymbol{R}^{-1} = \begin{bmatrix} r_{11} & r_{12} & r_{13} \\ r_{21} & r_{22} & r_{23} \\ r_{31} & r_{32} & r_{33} \end{bmatrix}$$

实际像平面坐标到校正后像平面坐标的坐标变换关系为

$$\left. \begin{aligned} x_g &= f\frac{r_{11}x + r_{12}y + r_{13}f}{r_{31}x + r_{32}y + r_{33}f} \\ y_g &= f\frac{r_{21}x + r_{22}y + r_{23}f}{r_{31}x + r_{32}y + r_{33}f} \end{aligned} \right\} \qquad (2-19)$$

图 2-6(a)所示为未经矫正的实时图像,图 2-6(b)所示为坐标矫正后的图像。采用的矫正参数为俯仰角 $\omega = -1°$,偏航角 $\theta = -10°$,滚转角 $\phi = 0°$,相机焦距 0.2 m,图像地面分辨率为 2 m/像素。

无人机系统研究与应用出版工程

(a)　　　　　　　　　　　　(b)

图 2-6　实时图像几何校正

2.4　图像匹配与坐标定位

图像匹配算法是整个辅助定位系统最关键的过程,无人机实时航拍图像具有分辨率高(<1 m),图像尺寸大的特点(例如在视场角为 12°×12°,飞行高度2 500 m情况下,成像覆盖地面 526 m×526 m,如果分辨率为 1 m/像素,那么图像尺寸为 512×512 像素)。实时图像尺寸越大,比例因子误差和旋转误差就越大[7]。比例因子误差主要是由于飞行高度测量误差引起的,假定比例因子 ρ 在整个图像范围内是各向同性的,且为一常数,则由比例因子 ρ 造成的相邻网格单元间的相对平移为 $\Delta d(N/2)(\rho-1)$,其中 N 是实时图像的边长,如果不应超过 1 个的网格宽度,那么 $\rho \leqslant 1+2/N$,由此可见实时图像的尺寸越大,允许的比例因子误差就越小;旋转误差是由无人机的航向和姿态测量误差引起的,如果使旋转误差造成的总的比例因子误差不超过 1 个网格宽度,那么旋转角度误差 α 应满足 $\alpha \leqslant 2/N$,图像的尺寸越大,允许的旋转角度误差就越小。

如果飞行高度、姿态参数测量精度较高,可以认为矫正后的实时图像与参考图像间仅存在平移变换关系,采用较为简单的匹配方法;但是出于成本和性价比的考虑,无人机系统一般不采用高精度的惯导设备,航姿系统存在一定的测量误差,参考图像和实时图像间可能存在比例和旋转变化,这种情况要采用基于特征的图像匹配方法,保证图像匹配精度。本书后续的章节将主要讨论图像匹配方法。利用地球坐标系和当地水平坐标系间的变换可以描述无人机的位置,图 2-7 所示为参考椭球示意图,$OX_eY_eZ_e$ 为地球坐标系,原点为参考椭球中心，X_e 和 Y_e 轴位于赤道平面，X_e 轴通过零子午线，Z_e 与椭球极轴一致，地面上空载体 P 的坐标用 (x_e, y_e, z_e) 表示，参考椭球上 P_0 的法线 P_0A 为地理垂线，P_0A 与赤道平面的夹角为地理纬度 L，λ 为经度坐标。

通过图像匹配处理，可以得到实时图像在参考图像中最佳匹配位置在坐标系 $OX_gY_gZ_g$ 中的坐标为 (x_g, y_g, z_g)，h_g 为飞行高度，匹配点在当地水平坐标系 $OX_dY_dZ_d$ 中的坐标为 $(x_d, y_d, 0)$，那么无人机在 $OX_dY_dZ_d$ 中的坐标为 $(x_d - x_g, y_d - y_g, h_g)$，可求出无人机在地球坐标系 $OX_eY_eZ_e$ 中坐标为

$$\boldsymbol{P}_e = \boldsymbol{C}_{ed}^{-1}(\boldsymbol{P}_d - \boldsymbol{D}_{ed}) \qquad (2-20)$$

其中

$$\boldsymbol{P}_e = \begin{bmatrix} x_e & y_e & z_e \end{bmatrix}^T \qquad (2-21)$$

$$\boldsymbol{P}_d = \begin{bmatrix} x_d - x_g & y_d - y_g & h_g \end{bmatrix}^T \qquad (2-22)$$

式中，$\boldsymbol{C}_{ed}$ 为地球坐标系 $OX_eY_eZ_e$ 到坐标系 $OX_dY_dZ_d$ 旋转变换矩阵；$\boldsymbol{D}_{ed}$ 为 $OX_eY_eZ_e$ 到 $OX_dY_dZ_d$ 的平移向量，$\boldsymbol{D}_{ed} = \begin{bmatrix} 0 & 0 & -R_d \end{bmatrix}^T$，$R_d$ 为当地地球半径。则无人机的经纬度坐标为

$$\lambda = \arctan\frac{y}{x} \qquad (2-23)$$

$$L \approx \arctan\left[\left(\frac{R_e + h_g}{R_p + h_g}\right)^2 \frac{z_e}{\sqrt{x_e^2 + y_e^2}}\right] \qquad (2-24)$$

式中，R_e 和 R_p 分别表示赤道平面半径（即长半径）和极轴半径（即短半径）。这样就得到无人机的空间坐标为 (λ, L, h_g)，与导航系统测量结果进行比较最终得出航迹误差。

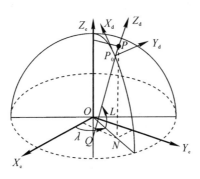

图 2-7　地球坐标系变换示意图

无人机系统研究与应用出版工程

2.5 本章小结

本章对无人飞行器图像匹配辅助定位问题进行了系统性分析，将系统划分为参考图像制备、实时图像处理、坐标定位等主要技术环节分别进行讨论。主要介绍了参考图像的快速制备方法，研究了实时图像增强与坐标校正预处理等算法，分析了图像匹配算法存在的主要问题，给出了由匹配结果确定飞行器位置的计算方法。

第二部分

单幅景象匹配定位

算法研究

由于景象匹配中的基准图和实时图通常是在不同时间不同场景拍摄的，两幅图的成像条件（包括传感器类型及姿态、季节和气候情况等）可能不同，造成实时图和基准图之间可能存在灰度差异、清晰度差异、几何畸变及遮挡等。针对上述问题，本部分主要针对单幅景象匹配技术展开研究，设计了具有适应性强、计算速度快、定位精度高的景象匹配算法等。本部分内容主要包括单幅可见光与可见光景象匹配，红外与可见光景象匹配，宽基线景象匹配等。

第三章　基于边缘测度的加权
Hausdorff 距离景象匹配算法

3.1　引　言

目前,Hausdorff 距离在景象匹配中得到了广泛的应用[26,48]。但 Hausdor-ff 距离原型算法采用的最大最小距离对出格点噪声和遮挡非常敏感,即使两个图像非常相似,少数出格点噪声的存在也可能会导致距离计算的严重错误。许多学者对其进行了改进[19,58-60],这些改进方法在处理出格点和遮挡方面比较有效,但大多都只计算匹配点之间的几何距离,且粗略地认为所有点对 Hausdorff 距离的贡献相同。尽管文献[19]考虑到边缘点和分支点的稳定性不同而给予不同的权值,但在每次匹配过程中,同类特征点的权值均相同,并没有充分考虑边缘点或分支点处信号的强弱对 Hausdorff 距离的影响。其结果是部分重要的强边缘点可能被忽视,而一些不太重要的弱边缘点或图像噪声引起的虚假边缘点却被考虑,从而会降低图像匹配的精度,甚至会导致错误匹配。

针对上述问题,本章提出了一种基于边缘测度加权的 Hausdorff 距离(EM - WHD)图像匹配算法并用于景象匹配中。该算法考虑了图像边缘点的几何距离与边缘强度信息,可以有效地提高景象匹配的稳定性和精度。

3.2　边缘测度描述与边缘提取

在图像处理和分析领域中,边缘是图像的重要特征之一。而用于反映图像边缘的特征测度函数有边缘梯度(包括梯度幅值和方向)、领域结构等(本书中统称为边缘测度函数)。其中,边缘梯度是常用的边缘测度函数之一,并可以通过平滑后的图像在像素处的梯度来估计。但梯度方法易受噪声的影响,用于边缘检测时很难有效估计和检测出噪声污染图像的边缘以及图像中的流状、环状等局部结构,而且会产生大量不太重要的弱边缘点、琐碎边缘点。而 Hausdorff 距离匹配作为一种基于特征点的匹配方法,匹配性能很大程度取决于特征点提取的质量,用这些边缘点进行图像匹配会大大增加计算时间,影响图像匹配的效率,甚至会产生错误匹配。而结构张量方法在分析图像的结构特征(如角点[141]、边缘[142]等)方面具有很好的优势并得到了广泛的应用。

对于给定图像中一点 $f(x,y)$,其二阶结构张量可以定义为

$$\boldsymbol{Q}=\begin{bmatrix} q_{11} & q_{12} \\ q_{21} & q_{22} \end{bmatrix}=\begin{bmatrix} f_x^2 & f_x f_y \\ f_x f_y & f_y^2 \end{bmatrix} \tag{3-1}$$

式中,$f_x=g_{x,\sigma}*f$,$f_y=g_{y,\sigma}*f$。其中 $*$ 表示卷积;$g_{x,\sigma}$,$g_{y,\sigma}$ 分别是高斯函数 $g_\sigma(x,y)$ 在 x,y 方向的偏导数。则结构张量 $\boldsymbol{Q}$ 的特征值和特征向量可以分别描述为

$$\lambda_{1,2}=\frac{1}{2}\left[q_{11}+q_{22}\pm\sqrt{(q_{11}-q_{22})^2+4q_{12}^2}\right] \tag{3-2}$$

$$\boldsymbol{\theta}_{1,2}=\left[2q_{12} \quad q_{22}-q_{11}\pm\sqrt{(q_{11}-q_{22})^2+4q_{12}^2}\right]^T \tag{3-3}$$

式中,特征值 λ_1,$\lambda_2(\lambda_1>\lambda_2)$ 反映了该点处信号变化的最大、最小值;$\boldsymbol{\theta}_1$,$\boldsymbol{\theta}_2$ 分别是 λ_1,λ_2 对应的特征向量,反映了信号变化最大、最小值的方向。也就是这两个特征值反映了该点局部邻域内的同质程度。若 $\lambda_1\approx\lambda_2$ 且 $\lambda_2\approx0$,即当图像在各个方向的变化都一致且较小时,则表明该点处为平坦区域;若 $\lambda_1>\lambda_2$ 且 $\lambda_2\approx0$,即图像在一个方向变化大,而在另一个方向很小,则该点处于直线边缘;若 $\lambda_1>\lambda_2$ 且 $\lambda_2>0$,即当图像在各个方向的变化都一致且较大时,则该点为角点。借助此特征,结构张量方法在边缘与角点检测中取得了较好的结果。

由于结构张量方法需在水平和垂直方向进行微分运算,对噪声比较敏感。而且基于梯度的方法通常依赖于这样一个假设:图像受加性噪声污染;而 SAR 图像的噪声是近似服从 Gamma(Γ)分布的乘性噪声,因此,差分梯度算子对于 SAR 图像来说不再是恒虚警的[143],而是随着图像局部强度均值的变化而变化,这样就容易在亮区检测出虚假边缘,而在暗区则丢失很多真实边缘。故采用结合结构张量和局部均值比[144]的方法(ST - ROA)来估计图像边缘结构响应测度,并基于得到的边缘测度检测出图像边缘。同时,为提高计算速度,仅采用水平、垂直方向上局部均值比(局部窗口大小取 7×7)来分别代替 f_x,f_y,并定义边缘测度函数为

$$\boldsymbol{T}=\text{mag}\times\frac{\boldsymbol{\theta}}{|\boldsymbol{\theta}|} \tag{3-4}$$

$$\text{mag} = \sqrt{\lambda_1 + \lambda_2} = \sqrt{q_{11} + q_{22}} \qquad (3-5)$$

$$\boldsymbol{\theta} = \begin{bmatrix} 2q_{12} & q_{22} - q_{11} - \sqrt{(q_{11} - q_{22})^2 + 4q_{12}^2} \end{bmatrix}^{\mathrm{T}} \qquad (3-6)$$

式中,mag 为边缘响应测度幅值;$\boldsymbol{\theta}$ 为边缘响应测度方向。基于边缘响应测度函数采用局部最大值抑制与细化处理过程来提取图像边缘点。这样能够较好地同时提取图像的边缘点和角点,而不会因为仅考虑边缘点而丢失角点,进而导致检测出的边缘不连续。用上述方法分别对 SAR 图像与可见光图像进行处理,检测结果如图 3-1 所示。

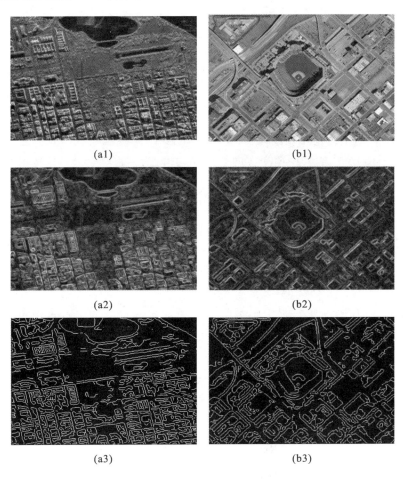

(a1)   (b1)

(a2)   (b2)

(a3)   (b3)

图 3-1 SAR 图像和光学图像边缘检测结果

(a1)SAR 图像;(a2)SAR 图像边缘测度幅值图;(a3)ST-ROA 方法对 SAR 图像边缘检测结果

(b1)光学图像;(b2)光学图像边缘测度幅值图;(b3)ST-ROA 方法对光学图像边缘检测结果

无人机系统研究与应用出版工程

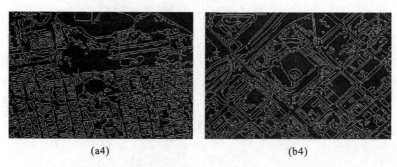

(a4)   (b4)

续图 3-1　SAR 图像和光学图像边缘检测结果

(a4)Canny 算子对 SAR 图像边缘检测结果;(b4)Canny 算子对光学图像边缘检测结果

从图 3-1 可以得知,边缘响应测度图能够真实反映边缘的显著性,在边缘越明显的地方,边缘响应幅值越大,反之,边缘响应幅值越小。从检测出的边缘图可以看出,ST-ROA 方法不仅能够有效地检测出图像中的主要边缘点,而且与 Canny 算子相比,琐细边缘点较少,可以减少图像匹配过程的计算量。同时由于 ST-ROA 方法采用两个方向的局部均值比代替 f_x 和 f_y,这样提取的边缘对图像噪声具有较强的鲁棒性。

3.3　基于 EM-WHD 的景象匹配方法

一、Hausdorff 距离及已有的改进方法

Hausdorff 距离是一种最大最小距离,最初用来描述两组点集之间的相似程度。由于具有计算快捷、不需要点对点精确匹配和对局部非相似变形不敏感等优点,Hausdorff 距离在图像匹配、目标识别等方面得到了广泛的应用。

给定两个特征点集 $A=\{a_1,a_2,\cdots,a_{N_a}\}$,$B=\{b_1,b_2,\cdots,b_{N_b}\}$,其中 N_a,N_b 分别为点集 A,B 中特征点总数,则点集 A 中任一特征点 a 到点集 B 的距离 $d(a,B)$ 定义为

$$d(a,B)=\min_{b_j\in B}\parallel a-b_j\parallel \tag{3-7}$$

式中,$\parallel \bullet \parallel$ 为某种定义在两个点之间的距离,常用的距离有街区距离、棋盘格距离和欧氏距离等,如点 $\boldsymbol{x}=(x_1,x_2)$ 和 $\boldsymbol{y}=(y_1,y_2)$ 之间的上述三种距离分别表示如下:

$$d_{\text{city}}(\boldsymbol{x},\boldsymbol{y})=\mid x_1-y_1\mid+\mid x_2-y_2\mid \tag{3-8}$$

$$d_{chess}(\boldsymbol{x},\boldsymbol{y}) = \max(|x_1-y_1|,|x_2-y_2|) \tag{3-9}$$

$$d_{E}(\boldsymbol{x},\boldsymbol{y}) = \sqrt{(x_1-y_1)^2+(x_2-y_2)^2} \tag{3-10}$$

本书取欧氏距离作为两个点之间的距离。因此,点集 A 到点集 B 的有向距离的定义为

$$h(A,B) = \max_{a_i\in A}d(a_i,B) = \max_{a_i\in A}(\min_{b_j\in B}\|a_i-b_j\|) \tag{3-11}$$

同时,点集 B 到点集 A 的有向距离的定义为

$$h(B,A) = \max_{b_j\in B}d(b_j,A) = \max_{b_j\in B}(\min_{a_i\in A}\|b_j-a_i\|) \tag{3-12}$$

考虑到对称性,点集 A 到点集 B 的 Hausdorff 距离定义为

$$H(A,B) = \max[h(A,B),h(B,A)] \tag{3-13}$$

由定义可知,Hausdorff 距离反映的是两个点集之间的相似程度,可用于图像匹配[145],目标定位[146]与识别[147]等方面。

由于 Hausdorff 距离是一种最大最小距离,对远离中心的噪声点、出格点非常敏感。因此,研究学者提出了许多改进的 Hausdorff 距离,如 Huttenlocher 等人[148]提出了改进的部分 Hausdorff 距离(Partial Hausdorff Distance,PHD),并定义点集 A 到点集 B 的有向部分 Hausdorff 距离如下:

$$h_{PHD}(A,B) = K_{a\in A}^{th}d(a,B) \tag{3-14}$$

其中,$K_{a\in A}^{th}$ 表示先将点集 A 中所有的点到点集 B 距离按从小到大排序,取其中排第 $K(K=(int)(f_A\times N_A),0<f_A<1)$ 的距离值。部分 Hausdorff 距离可以减小或排除由噪声点和出格点所引起的误匹配的影响。

为提高算法对噪声的鲁棒性,Azencott 等人[149]在部分 Hausdorff 距离的基础上提出了 CHD(Censored Hausdorff Distance,CHD)。定义 CHD 有向距离为

$$h_{CHD}(A,B) = L_{a\in A}^{th}(K_{b\in B}^{th}\|a-b\|) \tag{3-15}$$

其中,$K_{b\in B}^{th}$ 表示先将点集 A 中任一给定点 a 到点集 B 中所有点的距离按从小到大排序,取其中排第 $K(K=(int)(f_A\times N_A),0<f_A<1)$ 的距离作为该点到点集 B 的距离值;$L_{a\in A}^{th}$ 表示先将所有点集 A 中的点到点集 B 的距离从小到大排序,取排第 $L(L=f_B\times N_B,0<f_B<1)$ 的距离作为点集 A 到点集 B 的有向 CHD。

但由于上述定义的部分 Hausdorff 距离定义在特征点集上,与图像特征提取的准确性密切相关,受噪声影响仍然较大。所以 Dubuisson 和 Jain[59]提出了一种修正 Hausdorff 距离算法(Modified Hausdorff Distance,MHD)用于目标

匹配,其定义点集 A 到点集 B 的有向距离如下:

$$h_{\mathrm{MHD}}(A,B) = \frac{1}{N_a} \sum_{a_i \in A} \min_{b_j \in B} \| a_i - b_j \| \qquad (3-16)$$

该算法将 Hausdorff 距离相加求平均,不像 PHD 那样需要给定参数,可消除正负相当的高斯噪声影响,其优点在于增强了算法的鲁棒性。基于这种思想,Sim 等人[145]提出了最小截断平方 Hausdorff 距离(Least Trimmed Square Hausdorff Distance，LTS-HD)和 M - 估计 Hausdorff 距离(M-estimation Hausdorff Distance，M-HD)两种鲁棒的 Hausdorff 距离。

LTS-HD 的有向距离定义为

$$h_{\mathrm{LTS\text{-}HD}}(A,B) = \frac{1}{k} \sum_{i=1}^{k} d\,(a,B)_i \qquad (3-17)$$

M - HD 的有向距离定义为

$$h_{\mathrm{M\text{-}HD}}(A,B) = \frac{1}{N_A} \sum_{a \in A} \Phi[d(a,B)] \qquad (3-18)$$

其中

$$\Phi(x) = \begin{cases} |x|, \ |x| \leqslant T \\ T, \ |x| > T \end{cases} \qquad (3-19)$$

式中,T 为阈值;参数 k 与 PHD 的定义一样;$d\,(a,B)_i$ 表示先将点集 A 中点 a 到点集 B 的距离按从小到大的顺序排序,然后取第 i 个距离值,因此 LTS - HD 算法是将大的距离点删除后,再对保留下来的点求平均,这样,不仅能消除远离中心的错误匹配点的影响,而且能消除零均值的高斯噪声的影响,与 Hausdorff 和 PHD 相比,具有更明显的优势,对噪声、严重遮挡或者存在外点干扰的图像有较好的效果。而 M - HD 则将超过设定阈值的点到点集的最小距离值赋予固定值,然后再取平均作为单向 HD,以避免由于部分噪声像素点带来的偏差。

此外,针对图像中包含有不同的特征或区域,而不同的特征或区域对图像匹配的贡献不同等特点,Lu 等人[150]在计算 Hausdorff 距离中,考虑不同特征或区域对 Hausdorff 距离的贡献不同,并提出了一种新的加权 Hausdorff 距离(Weighted Hausdorff Distance，WHD)用于文字匹配。其原型算法公式定义如下:

$$H(A,B) = \max[h_{\mathrm{WHD}}(A,B), h_{\mathrm{WHD}}(B,A)] \qquad (3-20)$$

$$h_{\mathrm{WHD}}(A,B) = \frac{1}{N_a} \sum_{a \in A} w(a)d(a,B) \qquad (3-21)$$

$$\sum_{a \in A} w(a) = N_a \qquad (3-22)$$

其中，A，B 为两个特征点集；N_a 为点集 A 中特征点总数；a 是属于 A 的一个特征点；$d(a,B)$ 是点集 A 中特征点 a 到点集 B 的距离，而 $w(a)$ 表示特征点 a 到点集 B 距离的权值，则 $h_{\text{WHD}}(A,B)$ 和 $h_{\text{WHD}}(B,A)$ 分别表示点集 A 到点集 B 和点集 B 到点集 A 的有向距离。

由于加权 Hausdorff 距离考虑不同特征或区域的贡献不同，具有较强的稳定性和精确性，从而被大量地应用于目标检测[151]、人脸识别[147]、图像匹配[19]以及文字匹配[150]中。如 Zhu Zhengfeng 等人[151]提出了一种基于圆 gabor 特征空间的加权修正 Hausdorff 距离（Weighted Modified Hausdorff Distance，WM-HD）来定位目标模块的可能位置。Guo Baofeng 等人[147]根据人脸不同区域在人脸识别中的重要性不同，提出一种基于空间的加权 Hausdorff 距离来提高人脸的识别率。

二、基于边缘测度加权 Hausdorff 距离

尽管研究学者提出了许多的改进 Hausdorff 距离算法，但这些算法都是计算特征点之间的几何距离，并未考虑特征点之间的信号差异、特征点稳定性或显著性差异的影响，仍然易受噪声的干扰。为此，如果能将图像特征点间信号差异以及特征点稳定性或显著性差异等信息引入 Hausdorff 距离中，则不仅可集合特征点之间的几何距离，而且可集合特征点之间的信号或特征点显著性信号，从而可减小噪声对图像匹配的影响，增强匹配算法的精确性和鲁棒性。

不失一般性地，当两幅图像完全配准时，匹配边缘点之间不仅具有最小的 Hausdorff 距离，而且应该具有相同或最大相似度的边缘测度（边缘响应幅值或方向），如对于多模图像来说，匹配边缘点应该具有方向一致性；而对同模态图像，应该同时具有最大相似度的边缘响应幅度和方向。为此，引入 Yang Chyuan 等人[152]采用的相似性度函数，并定义参考图像与基准图像中匹配点之间的相似一致性函数如下：

$$S(a,b,A,B) = \left| \boldsymbol{T}_A(a) \cdot \boldsymbol{T}_B(b) \right| \qquad (3-23)$$

式中，$\boldsymbol{T}_A(a)$，$\boldsymbol{T}_B(b)$ 分别为式（3-4）式（3-5）定义的图像 A 中边缘点 a 与图像 B 中边缘点 b 处的边缘测度向量，· 表示进行向量内积。显然，当两个向量具有相同的方向时，$S(a,b)$ 取最大值，反之最小。考虑到边缘测度幅值大小易受图像局部光照变化及噪声的影响，而且对于多模图像，测度幅值大小甚至会出现反转，而边缘测度方向则具有更强的稳定性，因此仅考虑方向，即对边缘测度进行归一化处理，则式（3-23）可进一步表示为

$$S(a,b,A,B)=\left|\frac{\boldsymbol{T}_A(a)}{|\boldsymbol{T}_A(a)|}\cdot\frac{\boldsymbol{T}_B(b)}{|\boldsymbol{T}_B(b)|}\right| \tag{3-24}$$

这样,$S(a,b,A,B)$的范围为$[0,1]$。在经典 Hausdorff 距离基础上集合匹配点之间的边缘响应距离,则点a到点集B的单向基于边缘测度的 Hausdorff 距离 $d(a,B)$(Hausdorff Distance based on Edge Measure,EM-HD)可以定义为

$$d'(a,B)=[1-S(a,b)]\times d(a,B) \tag{3-25}$$

式中,b 是点集 B 中与点 a 对应的匹配点。由式(3-25)可知,当$d(a,B)$固定时,两匹配点的边缘测度越相似(对应的方向夹角越小),则边缘测度 $S(a,b)$ 越大,距离 $d'(a,B)$ 越小;反之,$d'(a,B)$ 越大。

同时,考虑到匹配图像中其边缘响应测度幅值越大,可以认为其相对其他匹配点越稳定,越不易受噪声干扰,在图像匹配过程对应权值 $w(a)$ 应该比较大,反之越小。因此定义权值 $w(a)$ 计算公式如下:

$$w(a)=\frac{|\boldsymbol{T}(a)|}{\max\limits_{a\in W}|\boldsymbol{T}(a)|}+1 \tag{3-26}$$

此外,为了消除出格噪声点的干扰,采用将点集 A 中所有特征点到点集 B 的距离 $d'(a,B)$ 从小到大排序,取前面 k 个距离最小的特征点($k=f\times N_a$,$0<f<1$)为与点集 B 相匹配点,其余(N_a-k)个特征点为非匹配点,相应的权值 w 取 0。通过集合式(3-20),式(3-21),基于边缘测度的加权 Hausdorff 距离算法(EM-WHD)可以表示为

$$\left.\begin{array}{l}H(A,B)=\max[h_{\text{EM-WHD}}(A,B),h_{\text{EM-WHD}}(B,A)]\\[2mm]h_{\text{EM-WHD}}(A,B)=\dfrac{1}{N_a}\sum\limits_{a\in A}w(a)d'(a,B)\\[2mm]d'(a,B)=[1-S(a,b)]\times d(a,B)\\[2mm]w(a)=\dfrac{|\boldsymbol{T}(a)|}{\max\limits_{a\in W}|\boldsymbol{T}(a)|}+1\end{array}\right\} \tag{3-27}$$

由式(3-27)可以看出,EM-WHD 不仅考虑边缘点之间的几何距离,同时集合了匹配点之间的边缘响应测度差异和边缘点的显著性不同对图像 Hausdorff 有向距离的影响,从而能够极大程度地消除由于噪声点和出格点所引起的误匹配,提高匹配精度。

在景象匹配中,借助 EM-WHD 可以实现像素级图像匹配,但实际工程中景象匹配往往需要亚像素精度的匹配结果,为此,考虑借助最小二乘图像匹配算法实现景象匹配的亚像素配准。最小二乘匹配算法 LSM(Least Square

Matching)是 Ackermann[153] 提出的一种新的图像匹配算法。当待配准图与参考图之间的视差较小时,LSM 算法的匹配精度可以达到 1/10,甚至 1/100 像素的高精度,因此最小二乘匹配被称为"高精度图像匹配",其算法具体细节参考文献[154 - 155]。在最小二乘匹配应用过程中,需要经过多步迭代才能够达到匹配精度要求。

基于边缘测度的加权 Hausdorff 距离景象匹配算法框图如图 3-2 所示。

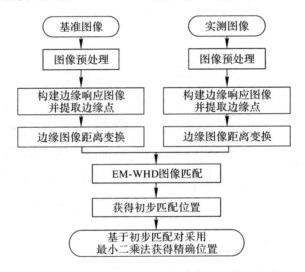

图 3-2　基于 EM-WHD 的景象匹配算法框图

3.4　试验结果与分析

为了检验 EM-WHD 算法的有效性,此处分别用合成孔径雷达(SAR)图像和光学图像进行同类图像间的匹配试验,基准图像大小为 300×400 像素(见图 3-1(a1)(b1)),取实测图像大小为 61×81 像素(见图 3-3(a)(b))。试验平台采用主频为 Pentium4 3.0 GHz,内存为 768 M,运行 Windows XP 的 PC 机,编程语言为 MATLAB7.1。由于在景象匹配过程中实测图像中或多或少存在着灰度、几何失真和噪声干扰等因素的影响,同时成像条件不同,实测图像与基准图像之间存在灰度差异,所以需要对图像进行一定的校正、去噪处理,使之尽量保证一定的图像品质,以便达到高精度的匹配。试验中先对图像噪声进行抑制处理(对光学图像采用高斯滤波处理,而对 SAR 图像采用相干斑点噪声抑制），并对图像进行归一化处理来校正图像灰度偏差，然后再构造边缘测度图、提取边缘及图像匹配处理等相关操作。根据匹配试验经验，将基准图像处理中参数 f 设为 0.8，实测图像处理中参数 f 设为 0.75。其图像匹配仿真试验结果如图 3-3(c)(d)所示。显然，EM-WHD 能够实现图像的准确匹配。

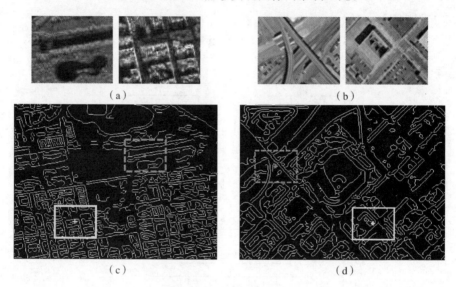

图 3-3　SAR 图像和光学图像的实测图以及匹配结果图
(a)SAR 实测图；(b)光学实测图；(c)SAR 图像匹配结果；(d)光学图像匹配结果

为验证 EM-WHD 算法鲁棒性，用图 3-1(a1)(b1)作基准图像，图 3-3(a)(b)作为实测图像（大小为 61×81 像素）进行包括图像噪声、旋转以及遮挡干扰情况下的鲁棒性匹配试验。

一、噪声干扰下的匹配试验

对实测图像施加大小不同的噪声（信噪比分别为 100,80,60,40,20,10,5,4,3,2,1,单位:dB）以模拟不同噪声下的景象匹配过程。鉴于 SAR 图像噪声主要为乘性的相干斑点噪声，试验中对 SAR 图像施加斑点噪声，而对光学图像施加零均值高斯噪声。试验中，为评价配准精度，采用匹配位置 (x,y) 与真实匹配位置 (x_T,y_T) 的偏差 Offset 作为评价精度评价指标，即有

$$\text{Offset} = \sqrt{(x-x_T)^2 + (y-y_T)^2} \tag{3-28}$$

显然，偏差 Offset 越小表示匹配结果越准确，反之越差。当偏差 Offset 大于一定阈值时（此处取 4），则认为匹配错误。图 3-4 给出了 EM-WHD，

WHD[19],LTS - HD,MHD 以及 PHD 等方法分别用于匹配光学图像、SAR 图像的匹配偏差曲线。

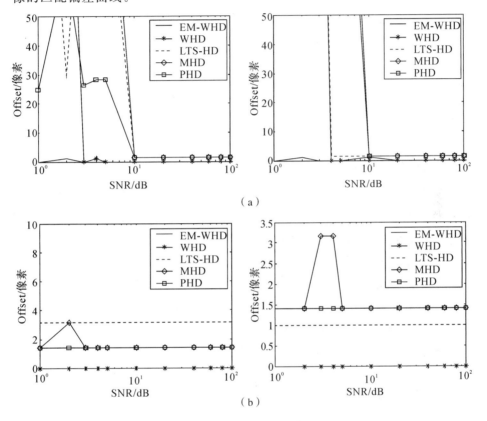

图 3 - 4　噪声干扰条件下的匹配结果偏差曲线图

(a)光学图像匹配结果偏差曲线;(b)SAR 图像匹配结果偏差曲线

由图 3 - 4(a)可以看出,当图像信噪比 SNR 小于 10 dB 时,随着 SNR 值减小,MHD,PHD,LTS - HD 和 WHD 等方法先后出现错误匹配;当 SNR 值减到小于 3 dB 时,这四种方法已均不能实现图像的正确匹配;而 EM - WHD 即便是当 SNR 值达到 1 dB 时,仍然能够准确定位。试验表明 EM - WHD 具有稳定的定位性能,能抵抗较大的图像噪声。而用于 SAR 图像时,EM - WHD 同样具有良好的抗噪性能。表 3.1 给出了噪声干扰下的平均匹配偏差。可以看出,MHD,PHD,LTS - HD 和 WHD 等方法匹配精度低,甚至产生错误匹配;相反,EM - WHD 均能够实现图像的准确匹配且匹配精度较高。试验表明,EM - WHD具有较强的抗噪性能。

表 3.1　不同噪声干扰下平均匹配偏差

图像类型	真实匹配位置	匹配平均偏差/像素				
		EM-WHD	WHD[19]	LTS-HD	MHD	PHD
SAR 图像	(100,260)	0.000 0	0.000 0	3.162 3	1.559 9	1.414 2
	(230,120)	0.000 0	0.000 0	1.000 0	1.705 6	1.414 2
光学 图像	(120,70)	0.181 8	24.669 5	47.116 6	65.694 1	25.457 0
	(230,260)	0.181 8	56.518 9	56.214 6	86.174 6	89.664 2

二、图像旋转干扰下的匹配试验

在景象匹配过程中,尽管通过惯导系统能够对实测图像进行几何校正,但由于测量误差等因素的影响,实测图像与参考图像之间不可避免地存在着不同程度的图像旋转差异,因此景象匹配算法必须对图像旋转具有较强的适应性。为此,在试验中对实测图像旋转不同的角度(分别为 1°,2°,…,14°)以模拟存在不同旋转条件下的景象匹配过程。

图 3-5 分别给出光学图像和 SAR 图像匹配结果偏差曲线图。由图 3-5(a)可知,当旋转角度达到 11°时,MHD,PHD,LTS-HD 和 WHD 等方法已经不能实现图像的准确匹配,而 EM-WHD 仍然能够准确定位。对 SAR 图像,EM-WHD具有同样的性能,显然,与 MHD,PHD,LTS-HD 和 WHD 等方法相比,EM-WHD 对图像旋转具有更强的鲁棒性,而且匹配精度明显要高(见表 3.2)。

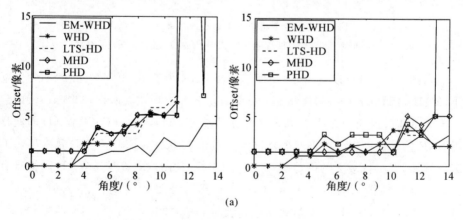

(a)

图 3-5　不同旋转角度干扰条件下的匹配结果偏差曲线图

(a)光学图像匹配结果偏差曲线

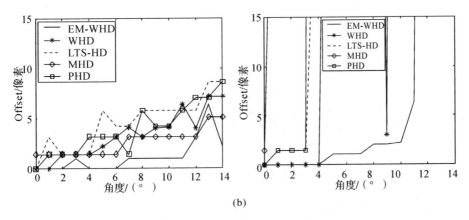

(b)

续图 3 - 5　不同旋转角度干扰条件下的匹配结果偏差曲线图

(b)光学图像匹配结果偏差曲线

表 3.2　不同旋转角度条件下 5 种不同方法的平均匹配偏差(0°~11°)

图像 类型	真实匹配 位置	匹配平均偏差/像素				
		EM - WHD	WHD[19]	LTS - HD	MHD	PHD
SAR 图像	(100,260)	0.500 0	2.621 0	3.753 7	2.142 6	2.940 9
	(230,120)	1.296 7	95.315 5	106.030 3	132.187 4	147.350 8
光学 图像	(120,70)	1.054 7	2.554 9	3.204 4	9.225 8	4.820 9
	(230,260)	1.469 7	1.701 3	2.022 9	1.906 0	2.367 3

三、遮挡条件下的匹配试验

试验中,用被部分遮挡的参考图像进行匹配试验(见图 3 - 6),图 3 - 6 给出了 EM - WHD 方法的匹配结果,其均能够正确定位;而其他四种方法对图像遮挡试验的匹配结果见表 3.3。尽管 LTS - HD 和 WHD 比 MHD,PHD 具有较强的抗遮挡能力,但仍然不能准确定位部分图像。通过上述不同干扰条件下的图像匹配试验可知,与 MHD,PHD,LTS - HD 和 WHD 等方法相比,EM - WHD 方法能够忍受更大的图像噪声、旋转以及对图像遮挡具有更强的鲁棒性。

无人机系统研究与应用出版工程

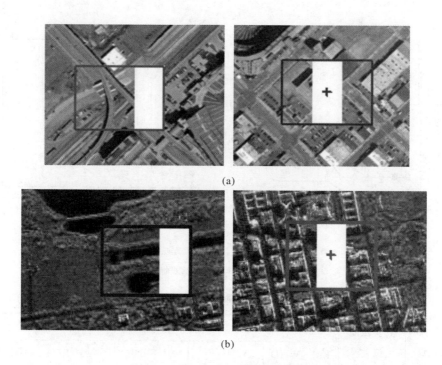

图 3 - 6　遮挡条件下的试验匹配结果
(a)光学图像匹配结果；(b)SAR 图像匹配结果

表 3.3　图像遮挡条件下 5 种不同方法的匹配结果

图像类型	真实匹配位置	匹配位置				
		EM－WHD	WHD[19]	LTS－HD	MHD	PHD
SAR	(100,260)	(100,260)	(100,260)	(101,259)	(163,261)	(139,209)
图像	(230,120)	(230,120)	(230,120)	(295,121)	(69,87)	(123,335)
光学	(120,70)	(121,69)	(256,92)	(233,69)	(243,79)	(235,87)
图像	(230,260)	(230,260)	(230,260)	(229,259)	(81,171)	(81,173)

　　此外,表 3.4 给出了 5 种不同改进 Hausdorff 距离图像匹配的平均运行时间对比结果。可以看出,EM－WHD 方法因为在图像匹配搜索过程中需要计算更新权值,与 MHD,PHD 和 LTS－HD 方法相比,匹配时间要长,但能忍受更大的图像噪声、图像旋转以及图像遮挡;而与文献[19]采用的 WHD 方法相比,EM－WHD 方法不但匹配精度要高,而且匹配速度明显更快,因为在图像边缘提取过程中,采用结构张量的方法提取的边缘点比 Canny 算子得到的要少,从

而大大减少了匹配计算量。可见，EM－WHD 匹配方法能够满足图像导航中计算快捷、精度高、适应性强的要求。

表 3.4 不同匹配方法的平均运行时间统计对比表

试验条件	图像类型	真实匹配点	平均运行时间/s				
			EM－WHD	WHD[19]	LTS－HD	MHD	PHD
噪声干扰试验	SAR 图像	(100,260)	99.087 2	151.28	19.727 2	15.233 8	15.517 5
		(230,120)	106.238 6	158.29	19.847 7	14.886 0	15.487 9
	光学 图像	(120,70)	133.055 2	157.45	26.741 8	13.159 0	22.301 7
		(230,260)	126.622 2	160.77	27.172 9	13.111 6	22.385 1
旋转干扰试验	SAR 图像	(100,260)	100.561 9	154.78	20.296 7	13.400 9	15.172 9
		(230,120)	108.290 2	153.36	20.342 5	13.780 3	15.093 6
	光学 图像	(120,70)	102.687 2	149.01	19.163 5	25.834 9	15.232 1
		(230,260)	95.907 8	149.64	18.406 9	10.408 9	14.601 1

3.5 本章小结

针对传统的基于 Hausdorff 距离方法中只考虑匹配点之间的几何距离关系，从而容易产生错误匹配，以及基于 Canny 算子提取边缘点过多而导致计算量大，耗时严重等特点，本章提出了一种基于边缘测度的加权 Hausdorff 距离（EM－WHD）景象匹配算法。首先，借助结构张量及均值比方法构建图像边缘显著性测度图像，并提取图像边缘；然后将图像边缘间的边缘响应差异信息、各边缘点的显著性等信息引入到 Hausdorff 距离中，提出一种新的基于边缘测度的加权 Hausdorff 距离（EM－WHD）并将其应用于景象匹配辅助导航中。该算法不仅考虑了图像边缘点之间的几何距离，而且集合图像边缘点之间边缘响应的差异信息，从而可进一步提高图像匹配的稳定性和精确度。

在试验中，将本章提出的 EM－WHD 算法与经典的 WHD[19]，LTS－HD，MHD 以及 PHD 算法在合成孔径雷达（SAR）图像和光学图像上进行比较，试验结果表明了 EM－WHD 算法对图像噪声、旋转以及遮挡具有较强的适应性，计算快捷，可满足图像导航中计算快捷、精度高、适应性强的要求。

<table>
<tr><td>第四章</td><td>抗旋转变化的多级红外与
可见光图像景象匹配算法</td></tr>
</table>

4.1 引　言

近年来，国内外学者在景象匹配算法方面开展了大量的研究工作[12,19-20,48,88,90]，但大多数景象匹配算法要求实测图和基准图为同类传感器成像的同模态图像，对实测图与基准图为异类传感器成像的异构图像景象匹配方法研究较少[26,156]。然而，目前国内外绝大多数无人机都装备多种传感器，如光电/红外传感器，这些不同传感器图像的信息互补可提高景象匹配系统的性能，如红外图像具有不受霾雾、黑夜等自然因素影响的特点，可以较好地弥补光学图像的不足，提高景象匹配的适用范围，并可用于无人飞行器的精确自主导航与制导、目标识别等领域，这时需要借助异构图像匹配算法来进行精确定位和导航。显然，研究异构图像景象匹配技术对提高无人飞行器的全天候性能和侦察能力具有十分重要的意义。

4.2　问题描述与解决思路

由于异类传感器成像机理不同，目标在不同成像模型下表现的灰度差异性很大，采用传统的灰度方法效果很差，因此异构图像匹配更多的是采用基于特征的匹配方法，如基于边缘并采用 Hausdorff 距离算法[26,156]来实现图像匹配定位。然而 Hausdorff 距离并不具有旋转和尺度不变性，只能适用于小角度旋转和小尺度变化的情况。为此，刘建业等人[20]利用极坐标变换具有旋转不变性的特点来进行匹配，该方法计算速度快，但对数极坐标变换极易产生匹配的多峰值问题，匹配正确率较低，一般情况下需要解决多值性问题[38]。同时，大多数基于特征的匹配方法仅采用图像的单像素边缘点或分支点，舍弃了大量的非边缘特征（包括灰度特征），尽管计算快捷，但匹配精度与可靠性很大程度依赖于特征提取的质量，而且对图像噪声比较敏感。显然，在异构图像匹配中如果能利用图像边缘特征以及非边缘特征信息，则对提高图像匹配算法对图像外部干扰等的稳定性能将具有重要意义。

　　考虑到异构图像由于成像机理的不同，图像间存在着较大的灰度、对比度差异，所以在图像匹配过程中需要一种具有灰度与对比度不变的特征用于相似性度量。而 Morrone 等人[157] 提出的图像相位一致性变换特征则刚好具有局部光照和对比度不变性的特点。相位一致性变换理论是 Morrone 等人在研究马赫带现象时提出的，并通过试验和理论证明了人类视觉感知的图像特征出现在图像 Fourier 谐波分量叠合最大的相位处，而特征类型由相位的值决定，也即相位一致性与人类视觉系统对图像特征的认知相符合，所以相位一致性特征能够描述图像的特征，且具有局部光照和对比度不变性的特点。为此将相位一致性变换理论引入来表征图像特征，并提出如图 4-1 所示的多级红外与可见光景象匹配方案（红外图像作实测图和可见光图像作基准图）。首先对实测图像与基准图像进行相位一致性变换，得到具有局部光照和对比度不变性相位一致性图像，为异构图像提供统一的特征相似性度量；而且与图像边缘特征相比，相位一致性图像既保留了图像的边缘特征又保留了非边缘点信息，从而可增强匹配算法的鲁棒性。

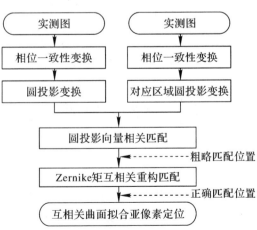

图 4-1　红外与可见光多级景象匹配算法总框图

在景象匹配过程中,尽管可以通过导航系统提供的数据对实测图进行校正处理,但由于各种原因包括导航系统误差的影响,处理校正后的实测图像与基准图像之间仍然可能存在着不同程度的旋转与尺度变化,因此景象匹配算法必须对旋转和尺度变化具有一定适应能力(也称抗旋转和尺度变化能力)。考虑到实际导航系统的航向角误差影响通常要比高度误差引起的尺度变化大得多,所以匹配算法更多考虑的是如何克服图像旋转的影响,如采用具有旋转不变性的圆投影变换[90]或对数极坐标变换[88]进行图像匹配。同样,为克服旋转的影响和加快匹配速度,本书算法在相位一致性图像的基础上采用多级匹配策略。先采用圆投影变换进行快速抗旋转的粗匹配,但由于圆投影变换与对数极坐标变换等易产生匹配的多峰值问题,因此需要考虑采用 Zernike 不变矩[158]等方法对粗匹配结果进一步验证并剔除错误匹配结果。

Zernike 不变矩[158-159]具有正交性、旋转不变性和抗噪性能,大量文献表明 Zernike 不变矩具有很好的识别性能[82]。然而由于 Zernike 不变矩只取 Zernike 矩幅值,缺乏考虑相位信息而丢失了图像中像素间的几何关系,而且 Zernike 不变矩是基于模式相同的假设[160],即图像间仅存在旋转和噪声等差异,而红外与可见光图像变换后得到的相位一致性图像尽管比较相似,但并不满足基于模式相同的假设,所以 Zernike 不变矩并不能有效度量相位一致性图像间的相似性。为此,基于 Zernike 矩定义对归一化互相关匹配函数进行推导,并提出一种基于 Zernike 矩的互相关匹配重构方法(Cross Correlation Matching Reconstruction using Zernike Moment,CCMR - ZM)来计算图像间的归一化互相关匹配值,并用来剔除粗匹配结果中的错误匹配点,从而实现图像的正确匹配。鉴于上述匹配的结果仅能得到整像素级的匹配位置,难以满足高精度定位的要求,因此,在 CCMR - ZM 方法获得的正确匹配位置处进一步采用互相关匹配曲面拟合方法获得亚像素匹配位置,最终实现图像的高精度匹配。

4.3　基于相位一致性变换的图像特征提取

一、相位一致性变换理论

1987 年,Morrone 等人[157]在研究马赫带现象时发现,当对方波进行傅里叶级数展开时,所有的傅里叶分量都是正弦波,在阶梯状边缘处,不管是上升沿还是下降沿,这些正弦分量的相位都是 90°或 270°;而在其他点,相位一致性则较低。与此相似,相位一致的程度在三角波的顶点(角度 0°或 180°)取得最大。也就是说只有在图像特征点处，如阶跃、线、屋顶以及马赫带等，其频域分量才具有最大的相位一致性。因此，可以使用相位一致性来标识感兴趣的特征，而且无须对波形进行任何假设，只需在傅里叶变换域中简单地按相位一致的顺序寻找特征点。

事实上，Morrone 等人[157]通过试验和理论证明了人类视觉感知的图像特征出现在图像傅里叶谐波分量叠合最大的相位处，而特征类型由相位的值决定，也即相位一致与人类视觉系统对图像特征的认知相符合。

给定一维信号 $f(x)$，其傅里叶级数展开可表示为

$$f(x) = \sum_n A_n(x)\cos[\varphi_n(x)] \qquad (4-1)$$

式中，$A_n(x)$ 为傅里叶变换第 n 个余弦分量的振幅；$\varphi_n(x)$ 表示在 x 处傅里叶变换成分的局部相位。则定义 $f(x)$ 相位一致性变换函数为

$$PC(x) = \max_{\overline{\varphi}(x) \in [0,2\pi]} \frac{\sum_n A_n(x)\cos[\varphi_n(x) - \overline{\varphi}(x)]}{\sum_n A_n(x)} \qquad (4-2)$$

其中，$\overline{\varphi}(x)$ 是相位的加权平均。由式（4-2）可以看出，若所有傅里叶分量都有一致的相位，则比值为 1，表示检测到了非常显著的边界；反之比值为 0，表示完全没有检测到边界信息。可以看出，相位一致性变换值是一个无量纲的量，反映的是图像的相位特征信息，具有图像局部亮度和对比度不变性的特点，因此可通过相位一致性变换为不同传感器图像特征显著性提供统一的度量。

二、局部能量与相位一致性估计

虽然利用相位一致性检测信号边缘可以取得很好的效果，但是由于对信号的频率分解的计算过程非常复杂，导致实时性比较差。Venkatesh 与 Owens 等人[161]指出相位一致性可以通过局部能量来计算，并证明局部能量等于傅里叶变换各分量之和与相位一致性的乘积，即

$$E(x) = PC(x) \sum_n A_n(x) \qquad (4-3)$$

图 4-2 给出了相位一致性、局部能量和傅里叶分量之间的对应关系，可以看出，原始信号 $f(x)$ 为傅里叶级数各项和 $\sum_n A_n(x)$ 在实轴上的投影，$E(x)$ 对应为从起点到终点的矢量模，从而有

$$E(x) = \sum_n A_n(x)\cos[\varphi_n(x) - \overline{\varphi}(x)] \qquad (4-4)$$

无人机系统研究与应用出版工程

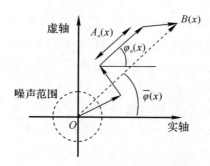

图 4-2　相位一致性、局部能量和傅里叶分量的关系

这样,局部能量函数直接正比于相位一致性函数,即局部能量的峰值对应于相位一致性的峰值。从而,相位一致最大的点可以通过寻找局部能量函数的峰值得到,则相位一致函数 $PC(x)$ 可表示为

$$PC(x) = \frac{\sum\limits_{n} A_n(x)\cos[\varphi_n(x) - \overline{\varphi}(x)]}{\sum\limits_{n} A_n(x)} = \frac{E(x)}{\sum\limits_{n} A_n(x)} \qquad (4-5)$$

而局部能量可由信号与一对正交滤波器(一个为偶对称滤波器,一个为奇对称滤波器)的卷积来估计。即信号的局部能量可由下式来计算:

$$E(x) = \sqrt{f^2(x) + H^2(x)} = \sqrt{[f(x) * M^e]^2 + [f(x) * M^o]^2} \qquad (4-6)$$

其中,$H(x)$ 是 $f(x)$ 的 Hilbert 变换,对应为局部傅里叶项的和 $\sum\limits_{n} A_n(x)$ 在虚轴的投影,M^e 和 M^o 为滤波器,常用的滤波器有高斯的一次或二次微分、Gabor 小波函数。

三、基于小波的相位一致性计算与图像变换

由于式(4-4)的相位一致变换中其局部能量是相位偏离的余弦函数,可能会因为余弦函数的峰值不够尖锐而造成定位不精确;同时相角的运算很烦琐。而 Kovesi[162] 进一步借助 Gabor 滤波器修正了局部能量计算公式,并考虑了频带展宽和噪声补偿,将相位一致性变换扩展到二维空间,其图像 $I(\boldsymbol{x})$ 的相位一致性变换函数表示为

$$PC(\boldsymbol{x}) = \frac{\sum\limits_{o} \sum\limits_{n} W_o(\boldsymbol{x}) \lfloor A_{no}(\boldsymbol{x}) \Delta \Phi_{no}(\boldsymbol{x}) - T_o \rfloor}{\sum\limits_{o} \sum\limits_{n} A_{no}(\boldsymbol{x}) + \varepsilon} \qquad (4-7)$$

式中,$\boldsymbol{x} = (x, y)$,$A_{no}(\boldsymbol{x})$ 是图像 I 在给定滤波器尺度 n 和方向 o 的振幅;$W_o(\boldsymbol{x})$ 为滤波器频带加权因子;T_o 为估计噪声阈值,只有当相位偏移量大于 T_o 时,才用来计算相位一致,从而有效地估计了图像噪声,所以无须预滤波来消除图像

噪声;符号⌊ ⌋表示当值为正时取本身,否则取 0;ε 为小常量以避免分母为零;$\Delta\Phi_{no}(\boldsymbol{x})$ 为相位偏离函数,比原来的余弦函数有更显著的尖峰,它与 $A_{no}(\boldsymbol{x})$ 的乘积可以表示如下:

$$A_{no}(\boldsymbol{x})\Delta\Phi_{no}(\boldsymbol{x}) = e_{no}(\boldsymbol{x})\bar{E}_o(\boldsymbol{x}) + O_{no}(\boldsymbol{x})\bar{O}_o(\boldsymbol{x}) -$$
$$|e_{no}(\boldsymbol{x})\bar{E}_o(\boldsymbol{x}) + O_{no}(\boldsymbol{x})\bar{O}_o(\boldsymbol{x})| \qquad (4-8)$$

式中

$$\bar{E}_o(\boldsymbol{x}) = \sum_n E_{no}(\boldsymbol{x})/Enery_o(\boldsymbol{x}) \qquad (4-9)$$

$$\bar{O}_o(\boldsymbol{x}) = \sum_n O_{no}(\boldsymbol{x})/Enery_o(\boldsymbol{x}) \qquad (4-10)$$

$$Enery_o(\boldsymbol{x}) = \sqrt{\left[\sum_n E_{no}(\boldsymbol{x})\right]^2 + \left[\sum_n O_{no}(\boldsymbol{x})\right]^2} \qquad (4-11)$$

$$A_{no}(\boldsymbol{x}) = \sqrt{[E_{no}(\boldsymbol{x})]^2 + [O_{no}(\boldsymbol{x})]^2} \qquad (4-12)$$

其中,$Enery_o(\boldsymbol{x})$ 为方向 o 的局部能量,$E_{no}(\boldsymbol{x}) = I(\boldsymbol{x}) * M_{no}^E$,$O_{no}(\boldsymbol{x}) = I(\boldsymbol{x}) * M_{no}^O$ 分别为图像 I 与偶正交 Gabor 小波 M_{no}^E、奇正交 Gabor 小波 M_{no}^O 的卷积。

由于 Log-Gabor 滤波器与 Gabor 滤波器相比具有更好的优势[163],为此书中选用 Log-Gabor 滤波器代替 Gabor 滤波器。分别对红外实测图像和实测图对应的光学基准图局部区域进行相位一致性变换,结果如图 4-3 所示。可以看出,尽管实测图和基准图灰度差异较大,但变换后的相位一致性特征图具有较高的相似性,从而能够为可见光与红外图像匹配提供统一的相似性度量标准;同时不仅保留了原来图像的边缘特征并抑制了图像的噪声,而且保留了边缘点附近的区域信息,从而可以采用区域互相关的方法进行匹配,对图像噪声和局部变形的鲁棒性较强。

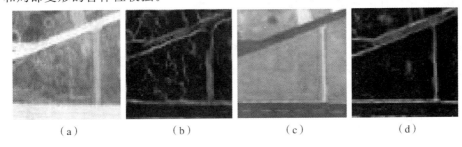

（a） （b） （c） （d）

图 4-3 红外实测图、参考图像及各自对应的相位一致性变换图像

(a)红外实测图;(b)实测图对应的相位一致性图;

(c)局部光学参考图;(d)局部光学参考图对应的相位一致性图

4.4　快速圆投影粗匹配方法

给定 $M \times N$ 大小的模板 $I(x, y)$，以模板中心点 (x_c, y_c) 为坐标原点建立极坐标系，则图像笛卡儿坐标与极坐标之间的关系可表示为

$$\left. \begin{array}{l} x = r\cos\theta \\ y = r\sin\theta \end{array} \right\} \qquad (4-13)$$

式中，$\theta \in [0, 2\pi)$，$r = (\text{int}) \sqrt{(x-x_c)^2 + (y-y_c)^2}$，$0 \leqslant r \leqslant R$；$(\text{int})$ 表示值取整；R 为图像最大内切圆半径，取 $R = \min(M, N)$。则模板图像 $I(x, y)$ 的圆投影向量 $\boldsymbol{P}$ 定义为

$$\boldsymbol{P} = [p(0) \quad p(1) \quad \cdots \quad p(r) \quad \cdots \quad p(R)] \qquad (4-14)$$

式中，$p(r)$ 为模板在半径 r 处的圆投影变换，且有

$$p(r) = \frac{1}{S_r} \sum_{\theta=0}^{2\pi} I(r\cos\theta, r\sin\theta), 0 \leqslant r \leqslant R \qquad (4-15)$$

式中，S_r 为落在半径为 r 圆周上的像素点数目。由圆投影定义可以看出，圆投影变换实质是计算与子图中心像素距离为 r 的所有像素点灰度值的均值。当图像旋转时，任一半径圆上的像素也跟着做同心同半径旋转，$p(r)$ 保持不变。因此，$p(r)$ 为一个旋转不变量，具有旋转不变性。

由于在每次圆投影过程中均需要计算每个像素点到中心点的距离，计算速度较慢。为加快计算速度，首先创建一个圆投影变换伪码表，这样在以后的圆投影变换中可直接通过查找伪码表来快速实现[158]，从而加快圆投影变换计算速度。

为度量实测图像 I_T 与基准子图像 I_B 之间的相似性，定义 I_T, I_B 各自对应的圆投影向量 $\boldsymbol{P}_T$ 与 $\boldsymbol{P}_B$ 之间的相似性函数为

$$\text{sim}(I_B, I_T) = \frac{\sum_{r=0}^{R} p_T(r) p_B(r)}{\sqrt{\sum_{r=0}^{R} [p_T(r)]^2 \sum_{r=0}^{R} [p_B(r)]^2}} \qquad (4-16)$$

在匹配过程中，相似性函数 $\text{sim}(I_B, I_T)$ 值最大的位置为正确匹配位置。图 4-4 给出了一次红外与可见光图像基于相位一致性特征图像的圆投影相关匹配曲面。可以看出，由于圆投影匹配缺乏考虑空间信息，产生大量的多峰值问

题,从而极容易降低匹配精度,甚至导致错误匹配,因此需要在粗匹配结果的基础上进一步采用各种方法如 Zernike 不变矩[158]等对粗匹配结果进行验证,剔除错误匹配结果。

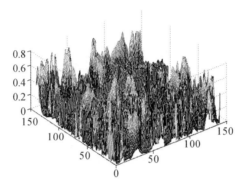

图 4-4　基于相位一致性特征的圆投影匹配曲面

4.5　Zernike 矩互相关重构匹配算法

给定图像密度函数 $f(\rho,\theta)$,其二维 Zernike 矩定义为

$$
\begin{aligned}
Z_{n,m} &= \frac{n+1}{\pi} \int_0^1 \int_0^{2\pi} f(\rho,\theta) V_{n,m}^*(\rho,\theta) \rho \mathrm{d}\rho \mathrm{d}\theta \\
&= \frac{n+1}{\pi} \iint R_{n,m}(\rho) \mathrm{e}^{\mathrm{j}m\theta} f(\rho,\theta) \rho \mathrm{d}\rho \mathrm{d}\theta
\end{aligned}
\tag{4-17}
$$

式中,n 为阶次,取正整数或零;m 为重复度,取正或负整数,且满足 $n-|m|$ 为偶数和 $|m| \leqslant n$ 的条件限制(为方便计算,取 $0 \leqslant m \leqslant n$);$|\boldsymbol{\rho}|$ 为原点到点 (x,y) 的有向线段的长度,且 $|\boldsymbol{\rho}| \leqslant 1$;$\theta$ 为轴与向量 $\boldsymbol{\rho}$ 在逆时针方向的夹角,即 $\theta = \arctan(y/x)$;$V_{n,m}(\boldsymbol{\rho},\theta)$ 是具有正交性的复 Zernike 基函数,$*$ 表示取共轭。$V_{n,m}(\boldsymbol{\rho},\theta)$ 可表示为

$$
V_{n,m}(\boldsymbol{\rho},\theta) = R_{n,m}(\boldsymbol{\rho}) \exp(\mathrm{j}m\theta), \quad |\boldsymbol{\rho}| \leqslant 1
\tag{4-18}
$$

而 $R_{n,m}(\boldsymbol{\rho})$ 为实半径多项式,定义为

$$
R_{n,m}(\boldsymbol{\rho}) = \sum_{s=0}^{(n-|m|)/2} (-1)^s \frac{(n-s)!}{s!\left(\dfrac{n+|m|}{2}-s\right)!\left(\dfrac{n-|m|}{2}-s\right)!} \boldsymbol{\rho}^{n-2s}
\tag{4-19}
$$

无人机系统研究与应用出版工程

则对于二维离散图像 $f(x,y)$，其对应的 Zernike 矩可以表示为

$$Z_{n,m} = \frac{n+1}{\pi} \sum \sum f(x,y) V_{n,m}^*(x,y) \mathrm{d}x\mathrm{d}y \ , \ x^2+y^2 \leqslant 1 \quad (4-20)$$

根据 Zernike 矩定义，图像 $f(x,y)$ 可以通过 Zernike 矩基函数进行重构，即有

$$f(x,y) \approx \tilde{f}(x,y) = \sum_n \sum_m Z_{n,m} V_{n,m}(x,y) \quad (4-21)$$

假设 I,J 是两幅不同的图像，图像 J_θ 是图像 J 旋转 θ 后得到的图像，则图像 I 和 J_θ 之间的归一化互相关函数表示为

$$\begin{aligned}
\mathrm{Corr}(I,J_\theta) &= \frac{\sum_x \sum_y I(x,y) J_\theta(x,y)}{\sqrt{\sum_x \sum_y [I(x,y)]^2 \sum_x \sum_y [J_\theta(x,y)]^2}} \\
&= \frac{\sum_x \sum_y I(x,y)[J_\theta(x,y)]^*}{\sqrt{\sum_x \sum_y |I(x,y)|^2 \sum_x \sum_y |J_\theta(x,y)|^2}} \\
&\approx \frac{\sum_x \sum_y \{\sum_n \sum_m Z_{n,m}^I V_{n,m}(x,y)[\sum_p \sum_q Z_{p,q}^{J_\theta} V_{p,q}(x,y)]^*\}}{\sqrt{\sum_x \sum_y |\sum_n \sum_n Z_{n,m}^I V_{n,m}(x,y)|^2 \sum_x \sum_y |\sum_p \sum_q Z_{p,q}^{J_\theta} V_{p,q}(x,y)|^2}},
\end{aligned}$$
$$x^2+y^2 \leqslant 1 \quad (4-22)$$

由于 Zernike 的基函数具有正交性，则基函数的两两内积有

$$\langle V_{p,q}, V_{n,m}^* \rangle = \begin{cases} \dfrac{\pi}{n+1}, & \text{如果}(p,q)=(n,m) \\ 0, & \text{其他} \end{cases} \quad (4-23)$$

所以有

$$\begin{aligned}
&\sum_x \sum_y \left| \sum_n \sum_m Z_{n,m}^I V_{n,m}(x,y) \right|^2 \\
&= \sum_x \sum_y \{[\sum_n \sum_m Z_{n,m}^I V_{n,m}(x,y)][\sum_n \sum_m Z_{n,m}^I V_{n,m}(x,y)]^*\} \\
&= \sum_x \sum_y (\sum_n \sum_m Z_{n,m}^I Z_{n,m}^{I*} \langle V_{n,m}, V_{n,m}^* \rangle) \\
&= \sum_n \sum_m (Z_{n,m}^I Z_{n,m}^{I*} \sum_x \sum_y \langle V_{n,m}, V_{n,m}^* \rangle) = \sum_n \sum_m |Z_{n,m}^I|^2 \frac{\pi}{n+1} \quad (4-24)
\end{aligned}$$

同理有

$$\sum_x \sum_y \left| \sum_n \sum_m Z_{n,m}^{J_\theta} V_{n,m}(x,y) \right|^2 = \sum_x \sum_y \left| \sum_n \sum_m Z_{n,m}^J e^{jm\theta} V_{n,m}(x,y) \right|^2$$

$$= \sum_n \sum_m \left| Z_{n,m}^J \right|^2 \frac{\pi}{n+1} \qquad (4-25)$$

同时有

$$\sum_x \sum_y \left\{ \sum_n \sum_m Z_{n,m}^I V_{n,m}(x,y) \left[\sum_p \sum_q Z_{p,q}^J e^{j q\theta} V_{p,q}(x,y) \right]^* \right\}$$

$$= \sum_x \sum_y \left\{ \sum_n \sum_m Z_{n,m}^I \left(Z_{n,m}^J e^{jm\theta} \right)^* \langle V_{n,m}(x,y), V_{n,m}^*(x,y) \rangle \right\}$$

$$= \sum_n \sum_m \left\{ Z_{n,m}^I \left(Z_{n,m}^J \right)^* e^{-jm\theta} \sum_x \sum_y \langle V_{n,m}(x,y), V_{n,m}^*(x,y) \rangle \right\}$$

$$= \sum_n \sum_m \left\{ Z_{n,m}^I \left(Z_{n,m}^J \right)^* e^{-jm\theta} \frac{\pi}{n+1} \right\} \qquad (4-26)$$

从而有

$$\mathrm{Corr}(I, J_\theta) = \frac{\sum_x \sum_y I(x,y) J_\theta(x,y)}{\sqrt{\sum_x \sum_y [I(x,y)]^2 \times \sum_x \sum_y [J_\theta(x,y)]^2}}$$

$$= \frac{\sum_n \sum_m \left[Z_{n,m}^I \left(Z_{n,m}^J \right)^* e^{-jm\theta} \frac{\pi}{n+1} \right]}{\sqrt{\sum_n \sum_m \left| Z_{n,m}^I \right|^2 \frac{\pi}{n+1} \sum_n \sum_m \left| Z_{n,m}^J \right|^2 \frac{\pi}{n+1}}},$$

$$\theta \in [0, 2\pi), 0 \leqslant n \leqslant N$$

$$n-m \text{ 为偶数}, 0 \leqslant m \leqslant n \qquad (4-27)$$

　　由式(4-27)可知,图像 I 和 J_θ 的归一化互相关函数可以通过图像 I 和旋转之前的图像 J 各自的 Zernike 矩以及旋转角度 θ 来重构,不妨将其称为基于 Zernike 矩重构互相关匹配(Cross Correlation Matching Reconstruction using Zernike Moment,CCMR - ZM)。由 Zernike 矩定义可知,阶次 N 取值越大,图像描述就越准确,从而重构出的归一化互相关值就越精确,但计算量也越大。为减少计算量,阶次 N 往往取值不大,这样重构出来的互相关函数值是真实互相关值的近似,从而得到的重构值不可避免地有很小的虚部,而实际的归一化互相关函数值为实数。图 4-5 给出了两幅红外图像与对应的光学图像的相位一致性互相关重构值中虚部与互相关模值之比随阶次 N 的变化曲线。与互相关重构值相比,虚部值一般较小。为计算简单,仅取重构互相关值的实部来近似,则有

$$\mathrm{Corr}(I,J_\theta) \approx \frac{\mathrm{real}\left\{\sum\limits_n \sum\limits_m \left[Z_{n,m}^I (Z_{n,m}^J)^* \mathrm{e}^{-\mathrm{j}m\theta} \dfrac{\pi}{n+1}\right]\right\}}{\sqrt{\sum\limits_n \sum\limits_m |Z_{n,m}^I|^2 \dfrac{\pi}{n+1} \sum\limits_n \sum\limits_m |Z_{n,m}^J|^2 \dfrac{\pi}{n+1}}}, \quad \begin{array}{l} \theta \in [0,2\pi), 0 \leqslant n \leqslant N \\ n-m \text{ 为偶数}, 0 \leqslant m \leqslant n \end{array}$$

$$(4-28)$$

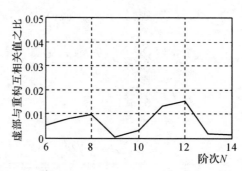

图 4-5　红外与光学图像的重构互相关值中虚部与重构互相关模值之比

　　不失一般性,当两图像完全配准时,图像间的归一化互相关函数 $\mathrm{Corr}(I,$ $J_\theta)$ 应该具有最大值,而对于给定的两幅图像,其对应的 Zernike 矩是固定的,从而两幅图像的匹配问题可转化成式(4-28)关于 θ 的函数最大值优化问题。显然,当给定两个特征点时,式(4-28)的等式右边的分母是固定的,即互相关函数值主要取决于分子部分。设 $Z_{n,m}^I = a_{n,m}^I + \mathrm{j}b_{n,m}^I$,$Z_{n,m}^J = a_{n,m}^J + \mathrm{j}b_{n,m}^J$,则式(4-28)右边分子部分可以进一步表示为

$$\begin{aligned} h(\theta) &= \mathrm{real}\left\{\sum_n \sum_m \left[Z_{n,m}^I (Z_{n,m}^J)^* \mathrm{e}^{-\mathrm{j}m\theta} \frac{\pi}{n+1}\right]\right\} \\ &= \sum_m [A(m)\cos(m\theta) + B(m)\sin(m\theta)] \\ &= \sum_m^N Q(m)\cos[m\theta + \varphi(m)], \quad \begin{array}{l} \theta \in [0,2\pi), 0 \leqslant m \leqslant N \\ Q(m), \varphi(m) \text{ 是关于 } m \text{ 的函数} \end{array} \end{aligned}$$

$$(4-29)$$

式中

$$A(m) = \sum_n \left[\frac{\pi}{n+1}(a_{n,m}^I a_{n,m}^J + b_{n,m}^I b_{n,m}^J)\right]$$

$$B(m) = \sum_n \left[\frac{\pi}{n+1}(a_{n,m}^I b_{n,m}^J - b_{n,m}^I a_{n,m}^J)\right]$$

　　从式(4-29)可知,$h(\theta)$ 的最大频率为 $0.5N/\pi$。为加快优化速度,可以首先将 $[0,2\pi)$ 分成 $4N$ 等分,即取 $\theta = 0.5\pi i/N(i=0,1,\cdots,4N-1)$ 来计算得到不

同角度下互相关函数 $Corr(I,J_\theta)$ 作为初始值后再采用梯度下降方法求解全局最小值[160]，但该优化过程计算量大。在实际的景象匹配中，惯性导航系统的航向漂移误差范围是一定的，如一个中等精度惯导系统，在没有任何外部修正信息的情况下，其航向偏差为 $10°/h$。因此可直接限制 θ 的搜索范围来大幅度降低最大值优化过程中的计算量，同时 θ 搜索空间中最大的重构互相关值就可近似为两幅图像完全配准时的互相关值。这样，可以利用 CCMR-ZM 方法，对所有可能的圆投影匹配局部峰值处计算互相关重构值，其中重构值最大的匹配点即是正确的匹配位置，而使互相关重构值最大的 θ 即是两图像间的旋转估计角度。由此，通过互相关重构方法，可以剔除由于圆投影粗匹配多峰值问题造成的错误匹配位置实现图像的准确匹配，同时还可以初步估计出两图像间的旋转角度。

尽管经过上述 CCMR-ZM 方法处理可以得到正确的匹配位置，但其仅能实现整像素级匹配，难以满足高精度定位的要求。为此，正确匹配位置为中心取 $5×5$ 大小的局部窗口，以窗口中各像素为中心在基准图像中取与实测图像同样大小的基准子图，并采用式(4-28)计算基准子图与实测图像的互相关匹配重构值 Corr，这样可得到 25 对位置与互相关匹配值 $(x_i,y_i,Corr_i)$，并采用这些位置与互相关匹配值对，并结合二元二次函数来拟合图像互相关匹配曲面。由于考虑到图像的准确匹配位置对应于互相关函数的峰值，则用数学求导方法即可得到最终的亚像素匹配位置。

4.6　试验结果与分析

为检验提出的多级红外与可见光异构景象匹配算法的有效性，设计了 3 个试验。①图像匹配试验：用本书提出的算法进行匹配试验以验证算法的整体匹配性能。②相位一致性图像特征性能验证试验：对不同噪声、尺度变化条件下的图像进行直接相关峰值参数分析试验，以验证相位一致性特征在图像相关匹配中的稳定性。③CCMR-ZM 准确性验证试验：在精匹配阶段中，分别采用 CCMR-ZM 方法与 Zernike 不变矩方法进行对比试验以验证 CCMR-ZM 方法的准确性。

一、红外与可见光图像匹配试验

试验中采用大量的红外与可见光图像(包括不同图像、不同旋转角度条件下的图像)进行匹配试验。红外实测图像大小为 61×61 像素,参考图像大小为 201×201 像素。试验平台采用主频为 Pentium4 1.7 GHz,内存为 768 M,运行 Windows XP 的 ThinkPad 笔记本电脑,编程语言为 MATLAB7.1。为了保持相位一致性变换的精度和快速性,在 Log – Gabor 滤波器采用 4 个方向和 6 个尺度。

部分匹配结果如图 4 – 6 所示(图 4 – 6(a)(b)为实测图像,图 4 – 6(c)中的框线为配准后的两实测图的边缘)。由匹配结果可以看出,尽管红外图像与可见光图像灰度差异较大,本书算法能够取得较好的匹配结果,对图像的灰度差异和图像旋转不敏感。与文献[19 – 20]方法的对比,试验结果见表 4.1 和表 4.2。可以看出,文献[19]的方法在图像间无旋转角度或存在小角度旋转的情况下,能够取得较好的匹配结果,随着图像间旋转角度的增大定位精度迅速下降,当旋转角度达到 8°时,匹配结果误差迅速增大。而文献[20]方法由于采用抗旋转的极坐标变换,一定程度上能适应图像的旋转问题,对部分图像能够取得较好的匹配结果;但由于该方法采用分支点实现图像匹配,很大程度依赖分支点的数量和质量,在实际匹配中极容易产生错误匹配。而本书算法则基本不受图像旋转角度的影响,当旋转角度高达 20°时,匹配精度仍能保持不变,而且能够大致估计出图像的旋转角度。表 4.3 进一步给出基于三种方法的匹配结果统计性能表。试验表明,本书提出的算法适应性强,对图像的对比度差异和图像旋转不敏感,计算速度较快,能够应用于景象匹配过程。

  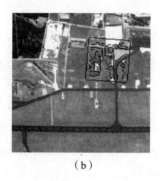

（a） （b） （b）

图 4 – 6　红外实测图与光学参考图匹配结果

(a)红外实测图像;(b)红外实测图像;(b)光学参考图像及匹配结果图

表 4.1 红外实测图像 4 − 6(a)在不同旋转变化下 3 种匹配算法结果对比

旋转角/(°)	正确匹配位置	匹配结果与时间						
		本书方法			文献[19]方法		文献[20]方法	
		匹配位置	估计角(°)	时间/s	匹配位置	时间/s	匹配位置	时间/s
0	(101,101)	(101.04,100.25)	0.5	72.89	(101.00,101.00)	24.82	(101.05,101.36)	93.23
2	(101,101)	(101.00,100.19)	1.5	74.48	(101.05,100.92)	25.12	(101.23,101.46)	92.85
4	(101,101)	(101.09,100.23)	3.5	73.46	(100.91,100.97)	25.18	(100.55,101.34)	92.73
6	(101,101)	(100.85,100.28)	5	73.69	(100.01,100.89)	24.79	(100.75,101.11)	93.53
8	(101,101)	(100.87,100.28)	7	72.85	(99.11,100.00)	24.80	(155.00,31.00)	95.04
10	(101,101)	(100.88,100.45)	9	73.56	(99.92,99.82)	23.09	(155.00,31.00)	94.94
12	(101,101)	(100.76,100.49)	11	76.23	(65.01,156.13)	23.16	(38.00,169.00)	95.34
14	(101,101)	(100.79,100.51)	12.5	73.93	(65.08,156.20)	23.19	(155.00,31.00)	97.75
20	(101,101)	(100.73,100.60)	18.5	74.57	(64.96,155.93)	22.98	(103.00,151.00)	92.97

表 4.2 红外实测图像 4 − 6(b)在不同旋转变化下 3 种匹配算法结果对比

旋转角/(°)	正确匹配位置	匹配结果与时间						
		本书方法			文献[19]方法		文献[20]方法	
		匹配位置	估计角(°)	时间/s	匹配位置	时间/s	匹配位置	时间/s
0	(101,101)	(100.91,101.17)	2.5	72.76	(101.00,101.00)	25.02	(137.00,151.00)	68.57
2	(101,101)	(101.00,101.00)	0.5	73.85	(100.99,100.95)	23.92	(136.00,151.00)	68.15
4	(101,101)	(100.84,101.12)	2	73.75	(101.00,101.08)	23.98	(136.00,151.00)	69.06
6	(101,101)	(100.93,101.06)	3.5	74.75	(100.98,100.94)	24.28	(48.00,31.00)	68.06
8	(101,101)	(101.01,101.08)	5.5	74.05	(104.18,100.18)	26.04	(137.00,153.00)	68.08
10	(101,101)	(101.00,101.05)	7.5	73.91	(100.27,97.17)	24.55	(152.00,42.00)	68.36
12	(101,101)	(100.94,101.00)	10	73.10	(106.06,96.26)	23.89	(152.00,36.00)	69.83
14	(101,101)	(100.90,101.01)	12	73.60	(106.00,96.32)	23.41	(38.00,37.00)	70.40
20	(101,101)	(100.99,101.21)	18	72.78	(104.98,95.11)	23.82	(72.00,37.00)	68.05

表 4.3　3 种方法匹配结果统计分析

匹配算法	匹配总数量	成功匹配数量	匹配概率	平均匹配时间/s
本书算法	100	96	96%	73.641 0
文献[19]方法	100	55	55%	25.384 8
文献[20]方法	100	33	33%	81.026 9

二、相位一致性图像特征性能试验

为验证相位一致性特征在图像匹配的稳定性,分别采用相位一致性互相关、灰度互信息以及边缘加权 Hausdorff 距离[19](由于 Hausdorff 距离匹配是取最小值,试验中取 Hausdorff 距离的倒数以保证与相关匹配值一致性)等三种不同的图像特征匹配方法对不同噪声、尺度变化条件下图像的匹配相关峰值情况来进行评价。为此,引入 PCE 和 PSR(主次峰之比)两个不同的相关峰评价参数,其分别定义为

$$\mathrm{PSR} = \frac{V_{\max}}{V_{\mathrm{sub}}} \tag{4-30}$$

$$\mathrm{PCE} = \frac{V_{\max} - E\{V\}}{\sqrt{E\{V^2\} - (E\{V\})^2}} \tag{4-31}$$

式中,V 为相关面;$V_{\max}$ 为相关面上的最高峰幅值;V_{sub} 为相关面上的次高峰幅值。PSR 反映匹配算法对相似景物的辨别能力($\mathrm{PSR} \geqslant 1$),值越接近 1 说明算法分辨能力越低,导致失配的概率也越大;PCE 则测量相关峰值的锐度程度。试验中对红外实测图像施加不同背景噪声(噪声为零均值、方差范围[0.001,0.1]的高斯噪声)、不同尺度因子(模拟不同飞行高度引起的图像尺度的缩放,参数取[0.8,1.2]),用以仿真飞行器不同成像干扰下得到的实测图。相关峰评价参数对比结果如图 4-7 所示。由图 4-7(a)(b)可以看出,在不同的噪声的条件下,相位一致性特征相关面的各项参数明显要优于其他两种特征相关面。随着噪声增加,各参数值均下降,当噪声方差大于 0.03 时,互信息方法开始出现错误匹配(参数曲线无法画出),而相位一致性特征匹配方法则在噪声方差大于 0.05 时才开始出现误匹配,对噪声的适应性要优于其他两种方法。图 4-7(c)(d)表明,在不施加尺度变化的条件下,加权 Hausdorff 距离各项参数指标要略优于相位一致性特征匹配方法,但随着尺度变化的增加,加权

Hausdorff 距离和互信息方法先后出现误匹配,而相位一致性特征匹配方法只有当尺度因子大于 1.2 或小于 0.84 时才开始产生错误匹配。显然,对尺度变化的适应性也比其他两种方法要强。对比试验表明,相位一致性特征在图像匹配中对尺度和噪声具有较强的适应性。

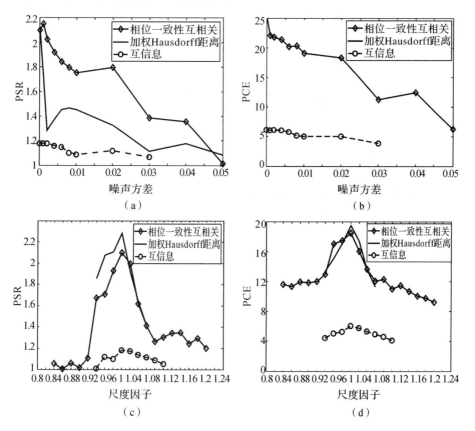

图 4-7 不同噪声、尺度条件下相位一致性和边缘特征的相关峰评价参数对比结果

(a)不同噪声条件下 PSR 图;(b)不同噪声条件下 PCE 图;

(c)不同尺度条件下 PSR 图;(d)不同尺度条件下 PCE 图

三、CCMR-ZM 准确度试验

在粗匹配的结果上,基于不同阶次的 Zernike 矩分别采用 CCMR-ZM 方法与 Zernike 不变矩方法进行精匹配对比试验,其匹配概率、平均匹配误差和时间等各项性能指标统计对比结果如图 4-8 所示。由图 4-8(a)可以看出,尽管随着阶次增大,基于 Zernike 不变矩方法的匹配概率有所增加,但值仍然相当

低,而且存在着大量的误匹配,平均匹配误差很大,这表明 Zernike 不变矩方法不能应用于不满足模式相同假设的图像间的匹配。而对于 CCMR - ZM 方法,即便 Zernike 矩阶次较小时就有较高的匹配概率,而随着阶次越高,图像表征越准确,匹配概率也随之更高,同时平均匹配误差则大幅下降,当阶次大于 8 时,匹配误差更是达到了亚像素的精度。需要指出的是,与 Zernike 不变矩相比,CCMR - ZM 方法计算复杂度取决于重构优化匹配过程中的角度搜索范围,理论上需要 $4N$ 次重构互相关函数计算,计算量会大幅度增加。但在实际的景象匹配过程中,惯导系统的航向偏差是一定的,因此可通过限制旋转角度的取值范围来实现计算量的大幅减少(此处取旋转角度的搜索范围为 $[-20°,20°]$),从而使得 CCMR - ZM 方法与 Zernike 不变矩有着基本相同计算复杂度。由此可见,CCMR - ZM 方法与 Zernike 不变矩相比,具有较强的适应性,且不受模式相同假设的限制,从而能够应用于相位一致性图像匹配并且匹配性能较好,从而保证能够在匹配过程中准确地剔除错误匹配点。

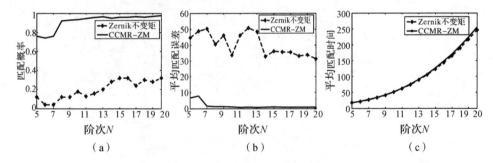

图 4 - 8　不同阶次条件下 Zernike 互相关重构方法与 Zernike 不变矩的统计性能对比结果
(a)匹配概率;(b)平均匹配误差;(c)平均匹配时间

4.7　本 章 小 结

针对在红外与可见光图像间灰度与对比度差异较大,而常用的特征匹配方法的匹配精度、可靠性对图像旋转、噪声比较敏感,且需要解决多值性等问题,本章提出了一种抗旋转变化的多级红外与可见光景象匹配算法。首先将相位一致性变换引入红外与可见光异构图像特征表征中,通过对图像进行相位一致性变换得到具有光照和对比度不变的相位一致性图像,从而将红外与可见光多模图像间灰度、对比度差异大而难以度量相似性的问题转换到同一特征框架下来进行相关匹配,而且相位一致性图像不仅保留图像边缘特征,而且保留非边缘特征,利用信息较多,有利于提高图像匹配算法的性能。在匹配过程中采用多级匹配策略,即首先基于圆投影变换实现图像的抗旋转粗略匹配;然后基于Zernike矩重构互相关函数实现图像间差异大以及存在大旋转角度情况下的图像匹配问题,进而剔除粗匹配结果中的错误匹配位置,同时可初步估计图像间的旋转角度;最后通过相关曲面拟合实现图像的高精度匹配。

　　相位一致性图像特征性能验证试验显示,与灰度互信息以及边缘加权Hausdorff距离[19]相比,相位一致性特征在图像匹配中对尺度和噪声具有较强的鲁棒性。此外,试验表明 CCMR – ZM 方法与 Zernike 不变矩相比,其不受模式相同假设的限制,匹配性能较好,从而保证能够在精匹配过程中准确地剔除错误匹配点,具有较高的匹配精度。显然,试验结果表明本章算法与已有的基于特征匹配方法相比,对图像的对比度差异和旋转不敏感,具有更高的匹配精度和更强鲁棒性,并且计算速度较快。

第五章　小波多尺度邻域重构快速景象匹配算法

5.1　引　　言

　　景象匹配在位置估计领域一直发挥着非常重要的作用,其水平定位精度可与军用卫星导航系统相当。随着数字图像处理技术的飞速发展以及计算机科学的不断进步,人们可以轻而易举地实时获取海量高清视频图像数据。将视觉信息用于景象匹配导航与环境感知已经成为国内外专家学者的研究热点。高性能相机在获取海量高清视频图像数据的同时,也带来了新的问题,如大尺寸图像的景象匹配问题。由于计算量太大,无法满足实际应用对景象匹配数据更新率的要求,难以辅助惯性导航系统提高组合导航系统的精度,因此实时性问题是当前面临的最大问题之一。

　　在提高算法的实时性方面,国内外的专家学者开展了大量的研究。文献[164]将傅里叶变换的快速计算应用到图像匹配中,文献[165]利用小波多分辨率分析方法将匹配相关运算由粗到细迭代执行,大大缩短了匹配时间。在提高算法的鲁棒性方面,文献[166]将基于灰度的方法和基于特征的方法进行融合,提高了算法的适应能力,文献[167]将点、线、面特征相结合,实现了光学图像和SAR图像之间的匹配。上述方法中有些是基础方法,具有通用性,但计算量相对较大,而且对几何畸变比较敏感,有些方法是针对具体的应用背景提出的,具有局限性。

　　小波多分辨分析具有连续逼近能力,可对图像进行多尺度分解,任一个尺度上的低频图像都能够分解为下一个尺度的低频平滑图像和高频细节图像,每个高频图像和低频图像的尺寸都为上一尺度图像的1/4,从而构造出小波金字塔图像结构。为了实现景象匹配导航系统在精确性能提高的同时实时性能也得到较大的改善,基于小波多分辨率分析理论,本章提出小波多尺度邻域重构快速景象匹配（Multi – Scale Neighborhood Reconstruction Fast Scene Matching，MSNR – FSM）算法，利用小波多分辨率分析构建基准图与实时图的小波金字塔，通过配准点坐标映射与邻域重构，从最大尺度到最小尺度，由粗到细进行逐级景象匹配。最后通过航空实测数据对该算法进行实时性和精确性验证。

5.2　多分辨率分析图像金字塔

　　景象匹配算法采用小波金字塔分层搜索的策略，在一个相对较小的范围内对配准参数进行迭代搜索，最终实现图像的精确配准。配准中通过子图的引用、高效的搜索策略和并行计算等思想来减少搜索空间，提高配准的精度和速度。

　　小波具有很好的多分辨率分析能力，又易于在并行计算系统上实现，而且小波多分辨分析又有连续逼近的能力。图像金字塔正是利用小波的多分辨分析，将图像由粗到细逐级分解，得到类似"金字塔"的一系列多尺度多分辨图像。具体示意图如图 5 - 1 所示。在图像配准过程中通常利用图像金字塔，采用由粗到精的搜索策略来提高配准效率的技术，具有匹配速度快、精度高、可靠性高等优点。

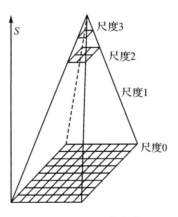

图 5 - 1　小波图像金字塔

　　图像经小波分解后可得到 4 个分量（小波系数）为 LL，LH，HL 和 HH（LL为低频成分，HH 为高频成分）。其中，LL 是原图的缩略图，集中了原始图像的大部分能量和重要信息，该分量所含有的原图像信息可以确保配准的可靠性，因此,我们可以利用变换后的 LL 分量进行逐级配准计算,把影像的每 2×2 个像素变成一个像素构成小波金字塔影像。在应用小波金字塔进行配准时,金字塔底部是待处理图像的高分辨率表示,而顶部是低分辨率的近似。先在顶层配准,得到一组初始配准参数,并将它们传递到下一层进行匹配,直到原始图像。当向金字塔的下层移动时分辨率就会提高,估计的精度随之提高,同时搜索的范围也逐级缩小,提高了配准速度,最终在最高分辨率的尺度上得到满足精度要求的最优解。

小波多分辨率分析[168]为小波基、尺度函数和小波函数的构造及小波分析的应用提供了统一的框架,其优势在于可以像显微镜一样实现"由粗到精"对事物的逐级分析。在图像匹配应用中,基于多分辨率分析的小波金字塔结构[169]具有如下特点:可由粗尺度到细尺度分层匹配;使用"金字塔结构图像"可明显减少搜索空间的尺寸,降低计算代价。传统的匹配算法通常是在某一最大尺度上进行全局搜索,然后将配准结果映射到最小尺度,再进行一次全局搜索,最终得到精确配准结果。然而,全局搜索方法计算量较大,在提高图像配准精度的同时实时性并没有得到显著的改善。

5.2.1　小波多分辨率分析

图 5-2 给出了尺度空间和小波空间之间的关系示意图以及各尺度之间的包含关系,图中 V_i 为尺度空间,W_i 为小波空间。

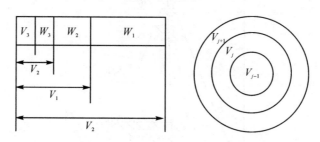

图 5-2　尺度空间和小波空间示意图

从图 5-2 可以看出,多分辨分析的子空间 V_0 可用有限个子空间来逼近,即有

$$V_0 = V_1 \oplus W_1 = V_2 \oplus W_2 \oplus W_1 = \cdots = V_N \oplus W_N \oplus W_{N-1} \oplus \cdots \oplus W_2 \oplus W_1$$

$$(5-1)$$

令 $f \in V$ 表示分辨率为 2^{-j} 的函数 $f \in L^2(R)$ 逼近(即函数 $f(t)$ 的低频部

分),而 $d_j \in W_j$ 表示逼近的误差(即函数 $f(t)$ 的高频部分或"细节"部分),则有

$$f_0 = f_1 + f_d + d_2 + d_1 = \cdots = f_N + d_N + d_{N-1} + \cdots + d_2 + d_1 \qquad (5-2)$$

任何函数 $f \in L^2(R)$ 都可以根据分辨率为 2^{-N} 时的低频部分和分辨率为 $2^{-j}(1 \leqslant j \leqslant N)$ 下的高频部分"完全重构",这就是著名的 Mallat 塔式重构算法的思想。Mallat 将计算机视觉领域内的多尺度分析思想引入小波分析中,提出了多分辨率分析概念,统一了所有正交小波基的构造,并且给出了相应的快速算法。下面利用二尺度方程建立尺度函数和小波函数的关系。二尺度方程为

$$\left.\begin{array}{l} \phi(t) = \sqrt{2} \sum_n h(n) \phi(2t-n) \\[2mm] \varphi(t) = \sqrt{2} \sum_n g(n) \varphi(2t-n) \end{array}\right\} \qquad (5-3)$$

式中,系数 $h(n)$ 和 $g(n)$ 是线性组合的权重,它们的值为

$$\left.\begin{array}{l} h(n) = \langle \phi, \phi_{-1,n} \rangle \\[2mm] g(n) = \langle \varphi, \varphi_{-1,n} \rangle \end{array}\right\} \qquad (5-4)$$

另外,尺度方程存在于任意相邻尺度 j 和 $j-1$ 之间,即

$$\left.\begin{array}{l} \phi_{j,0}(t) = \sum_n h(n) \phi_{j-1,n}(t) \\[2mm] \varphi_{j,0}(t) = \sum_n g(n) \varphi_{j-1,n}(t) \end{array}\right\} \qquad (5-5)$$

由于系数 $h(n)$ 和 $g(n)$ 不随尺度 j 的变化而变化,即 $h(n)$ 和 $g(n)$ 是由尺度函数 $\phi(t)$ 和小波函数 $\varphi(t)$ 决定的,与具体尺度无关,分别为对应低通滤波器和高通滤波器系数,利用 $h(n)$ 和 $g(n)$ 就可以实现信号的小波分解和重构。在 $f \in L^2(R)$ 空间可分离的正交小波基可通过对应一维尺度函数和小波函数的可分离乘积来构造。二维可分离的尺度函数构成了二维空间的多分辨率逼近。

二维空间的 3 个基本小波为

$$\left.\begin{array}{l} \psi^1(x,y) = \phi(x) \varphi(y) \\[2mm] \psi^2(x,y) = \varphi(x) \varphi(y) \\[2mm] \psi^3(x,y) = \varphi(x) \varphi(y) \end{array}\right\} \qquad (5-6)$$

这三个函数的伸缩和平移,构成二维空间的一组规范正交基,则

$$\frac{1}{2^j} \psi^k \left(\frac{x - 2^j n}{2^j}, \frac{y - 2^j n}{2^j} \right) \qquad (5-7)$$

其中,$j, m, n \in Z^3$,$k = 1, 2, 3$。

通过构造正交小波基完成图像的分解和重构可实现二维小波分解结

无人机系统研究与应用出版工程

构[170]，二维小波图像分解结构如图 5-3 所示，图中 Lf 和 Hf 分别为低通滤波器和高通滤波器，cA_j 为尺度 j 的低频部分，cA_{j+1} 为尺度 $j+1$ 的低频部分。cD_{j+1}^h，cD_{j+1}^v，cD_{j+1}^d 分别为尺度 $j+1$ 的水平、垂直、斜线高频部分。

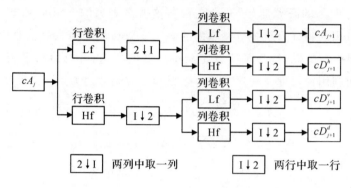

图 5-3 二维小波分解结构图

5.2.2 小波函数的选择

目前常用的小波函数主要有 Mexico 草帽小波、Morlet 小波、Haar 小波、Daubechies(dbN) 小波、Biorthogonal（biorNrNd）小波、Coiflet（coifN）小波、Symlets(symN)小波等，鉴于 Mexico 小波和 Morlet 小波非正交而且不能进行离散小波变换，首先将其排除。另外，Haar 小波与 dbN 小波一阶形式相同，因此不将其单独列出。评价一种小波函数好坏的标准主要有正交性、对称性、支撑域、消失距和正则性等，下面就这几个方面对其余几种小波函数做简要分析，结果见表5.1（N 为小波函数的阶数，N_r 和 N_d 分别为 Bior 重构小波和分解小波的阶数）。

表 5.1 几种小波函数性能分析

小波函数	正交性	对称性	支撑长度	消失矩	正则性
dbN	有	无	$2N-1$	N	高阶增强
biorNrNd	双正交	有	重构：N_r+1；分解：N_d+1	N_r-1	高阶增强
symN	有	近似	$2N-1$	N	高阶增强
coifN	有	近似	$6N-1$	$2N$	高阶增强

其中,正交性与算法的冗余度有关;支撑长度与算法的处理速度有关;对称性与图像失真问题密切相关;消失距决定小波变换后能量集中于低频分量的程度,主要与数据压缩应用有关;正则性主要影响小波系数重构的稳定性。对比分析,Biorthogonal 小波具有线性相位特性,主要应用在信号和图像的重构中,比如干涉图像去噪、图像融合等;Coiflets 小波性能较好,但相对运算时间过长,适用于对运算时间不做限制的应用;Daubechies 小波和 Symlets 小波运算量适中,都适合匹配算法的应用,但 Symlets 小波对称性优于 Daubechies 小波,这在图像分解中非常重要。进行小波分解时,图像与滤波器(与小波函数有关)卷积会产生边界效应,使得图像出现频移。实际应用中,即使采用相同的边界处理方法,由于 Daubechies 小波的非对称性也会使得分解图像相对于原始图像发生失真,而 Symlets 分解结果可与原始图像保持最大的相似性,因此,本章选择 Symlets 小波作为小波分解函数。

5.3　MSNR – FSM 算法原理

提高匹配算法的实时性主要从两方面入手:一方面,减少需要比较的基准子图数目,即减少搜索位置;另一方面,减少每次实时图和基准子图比较时参与计算的像素个数或降低算法复杂度,即减少相关算法的计算量。本节主要通过构造图像金字塔的方法来减少计算量,进而提高匹配速度。

金字塔匹配的两个基本环节是图像金字塔的构造和匹配搜索策略。本章主要利用小波变换来构造图像金字塔,传统图像金字塔匹配算法示意图如图 5 - 4 所示。L0 - A 和 L0 - B 分别是初始基准图和初始实时图,L1 - A,L2 - A 和 L1 - B,L2 - B 分别为相应的一级和二级小波分解结果。每进行一次小波变换,一个高分辨率的图像将会被分为四个部分:一个低频子代图像(LL)和三个高频子代图像(LH,HL,HH)。而低频子代图像会继续被分解,按照要求一直迭代下去。文献[171]研究了各子代图像对平移的敏感性,结果表明低频子代图像具有较高的抗平移性。因此,在每一级的分解图像中,仅利用低频子代图像来进行匹配精度较高。

在搜索策略上采用由粗到细的迭代方法。匹配从小波分解的尺度 2 图像开始,实时图低频子代图像(L2 - B 中的 LL2)在基准图低频子代图像(L2 - A 中的 LL2)中进行全局搜索,得到最佳匹配位置(如黑色圆点所示)。然后根据子带树型关系,找到尺度 2 图像上的匹配位置在尺度 1 图像上的对应位置(如 L1-A 中黑色圆点所示),并通过尺度 1 的实时图低频子代在对应的基准图低频子代中的搜索,得到搜索范围为以黑色圆点为中心的一个小窗口,继而得到最佳匹配位置。以此类推,最终可得到初始实时图在初始基准图中的匹配位置。

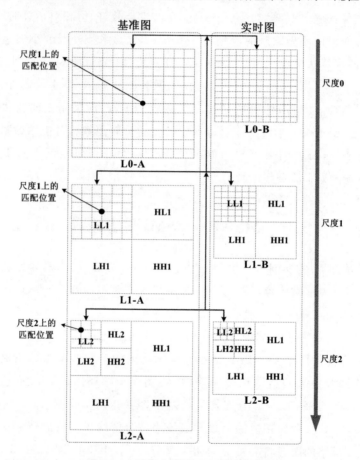

图 5-4　图像金字塔匹配算法示意图

5.3.1　多尺度邻域重构

一、小波图像金字塔构建

将一幅二维基准图 cA_j 经过 3 次小波分解,可以得到 10 幅子图,即一幅低频图像 cA_{j+2},3 幅水平方向的高频图像,3 幅垂直方向的高频图像和 3 幅对角线方向的高频图像。提取小波分解的低频系数得到小波图像金字塔结构，图5-5和图5-6所示为某无人机航拍实时图及相应卫星基准图通过小波分解后在尺度0,1,2,3上的低频部分和高频部分。

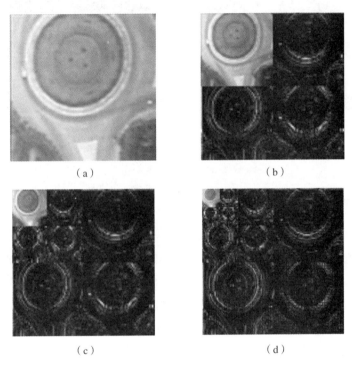

图5-5　实时图的小波金字塔分解图

(a)scale＝0；(b)scale＝1；(c)scale＝2；(d)scale＝3

图5-6　基准图的小波金字塔分解图

(a)scale＝0；(b)scale＝1

（c）　　　　　　　　　　（d）

续图 5-6　基准图的小波金字塔分解图

（c）scale＝2；（d）scale＝3

二、多尺度邻域重构

为了提高景象匹配的实时性能，在对金字塔小波分解后的图像进行配准时，分两个尺度计算：首先从最大尺度上进行配准计算，得到配准点坐标，加倍后向邻近较小尺度上映射（相邻尺度上配准坐标是 2 倍关系），然后依次在较小尺度上景象匹配；这里，并非将整张基准图与实时图进行配准，而是以上一个尺度的配准坐标为基础，加倍后在当前尺度上以该坐标为中心，选定一个阈值为 R 的配准误差半径区域，这将得到一个基准图配准点误差邻域和一个实时图配准误差邻域，再将二者与其对应的高频分量图像结合重构至下一尺度；最后，在重构后的"小基准图"与"小实时图"之间做最终配准，即可得到精确的配准坐标。

多尺度景象匹配的核心在于各个尺度上的配准结果在相邻尺度间映射，即坐标数值之间存在两倍换算关系。利用小波金字塔图像所有尺度上的图像，从最大尺度开始景象匹配，计算出配准坐标后以之为中心以 R 为半径选取基准图上 N 倍于同尺度实时图的邻域进行图像重构，同时重构实时图，即得到较小尺度上重构的基准图与实时图，再进行景象匹配；以此类推，直到重构到 0 尺度，进行最后的景象匹配定位计算，由此可以用极短的时间解算出极为精确的景象匹配定位坐标。假设 j 尺度上实时图中心点为 P 在基准图上的配准坐标为 P'，则 j 尺度上基准图与实时图邻域重构过程如图 5-7 所示。

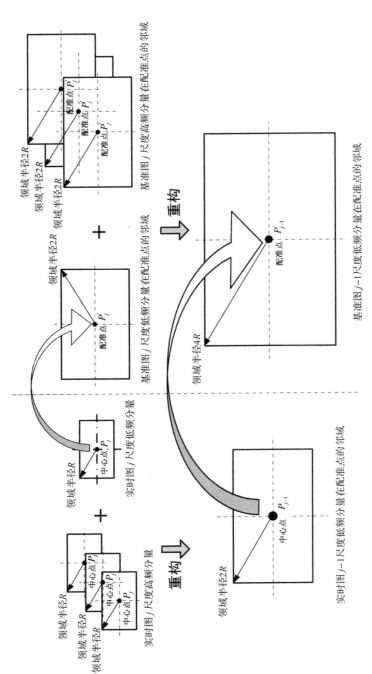

图5-7　小波金字塔 j 尺度上基准图与实时图景象匹配邻域重构示意图

为较大程度地消除由于噪声点和出格点所引起的误匹配,提高匹配精度,本章运用基于边缘测度加权的 Hausdorff 距离景象匹配算法[150]作为核心算法完成多尺度邻域重构过程的实时图与基准图的匹配。

5.3.2　算法实现流程

MSNR-FSM 算法的流程图如图 5-8 所示。多尺度邻域重构策略具体描述为以下 4 个步骤:①在粗尺度下利用景象匹配算法进行粗匹配;②将粗尺度下的匹配结果映射到上一层细尺度;③细尺度下以粗尺度匹配结果为依据,通过匹配点邻域重构进行再次景象匹配;④由粗尺度到细尺度,依次递推,最终得到精确匹配结果。

图 5-8　MSNR-FSM 算法流程图

5.4　试验结果及讨论

试验数据:无人机的实时图来自某次飞行试验记录(uvs110722-003.avi, jingxiangpipei-16.mat)。uvs110722-003.avi 视频时长 701 s,图像分辨率为 640×480 像素,帧率为 30 fps。对于光电平台记录数据共 53 851 条记录(包括无人机的经度、纬度、高度、速度、俯仰角、偏航角、滚转角等字段)。数据显示起始帧大地坐标为(33.653 091 10°,109.119 991 1°)。试验截取1:30—2:38之间视频数据,对应平台记录数据即6 914～12 138条,共5 224条。基准图来自预先制备的卫星正射影像图,分辨率为0.5 m/像素。试验从中连续抽取800帧图像序列作为实时图,为方便起见,此段测试数据简称为"测试序列Ⅰ",后面章节将沿用此名称。

试验环境:PC机,奔腾2.0 GCPU,1G内存,Windows XP操作系统,VC++开发平台。为方便起见,此段测试数据简称为"测试环境Ⅰ",后面章节将沿用此名称。

为了验证MSNR-FSM算法的有效性,本书采用了Hausdorff距离[153]作为景象匹配的度量方法,针对实测航空图像序列景象匹配设计了两个试验。试验一:直接在各个尺度上将实时图像与基准图像进行景象匹配,在单个尺度上匹配完毕的结果作为匹配结果,景象匹配时间与对应尺度上的匹配时间相等。试验二:采用小波金字塔图像景象匹配,先由粗尺度匹配并依次向细尺度映射,在最细尺度上得到匹配最终结果,景象匹配所消耗的时间为各个尺度匹配所消耗的时间总和。由于该试验旨在验证MSNR-FSM算法在景象匹配实时性方面的优势,试验所用的实时图像数据已经根据同步获取的相机姿态信息加以校正。

试验一的结果见表5.2。从中可以看出:在尺度0上景象匹配非常精确,但是计算量最大,耗时也最多,实时性也最差。传统金字塔匹配算法在尺度1上景象匹配的计算误差很小,在可以接受的范围内,虽然耗时只相当于尺度0的6.3%,但实时性能仍无法接受。对于尺度2和尺度3,由于图像尺度的减小,使得景象匹配计算量大大减少,实时性明显提高,但由于误差太大导致工程中无法使用。

表5.2　传统金字塔匹配在各小波尺度上景象匹配的100次试验平均值

试验组号	基准图尺寸 像素	实时图尺寸 像素	截取尺寸 像素	小波尺度	配准位置 像素	误差 像素	耗时 s
1	1 120×544	320×240	240×240	0	716,257	0,0	17.181 553 34
2	560×272	160×120	120×120	1	716,258	0,1	1.082 152 91
3	280×136	80×60	60×60	2	720,260	4,3	0.092 767 78
4	140×68	40×30	30×30	3	720,264	4,7	0.023 221 91

由试验一的结果不难发现：传统金字塔匹配算法在景象匹配的精确性与实时性方面是一对矛盾，精确度高的尺度上实时性较差，而实时性高的尺度上精确性较差。而本章提出的多尺度邻域重构快速景象匹配可以将小波金字塔图像所有尺度上的图像充分利用起来，通过小波函数与尺度函数由细尺度上的配准点邻域重构粗尺度，在缩小匹配范围的同时重新进行景象匹配，依次类推，直到重构到 0 尺度，进行最后的景象匹配计算。结合小波金字塔图像匹配算法，得到的试验二结果见表 5.3。

从表中可以看出：本章提出的 MSNR – FSM 算法首先在尺度 3 图像上进行景象匹配，以此为基础在尺度 2 图像上进行图像匹配，以此类推，最终计算出尺度 0 图像上的配准坐标，景象匹配误差很小，计算耗时较少，实时性较好，与表 5.2 的第 2 组试验精度相近但实时性有极大提高。

表 5.3　MSNR – FSM 算法的 100 次试验平均值

试验组号	基准图尺寸 像素	实时图尺寸 像素	截取尺寸 像素	小波尺度	配准位置 像素	误差 像素	耗时 s
1	140×68	40×30	30×30	3	720,264	4,7	0.022 507 21
2	280×136	80×60	60×60	2	719,260	3,3	0.018 098 55
3	560×272	160×120	120×120	1	718,260	2,3	0.006 095 58
4	1 120×544	320×240	240×240	0	717,258	0,1	0.038 353 67
耗时总计							0.085 055 01

对表 5.2 和表 5.3 的试验结果进行对比分析可以看出：

（1）直接在各尺度上进行匹配的算法除第 0 尺度外，其余各个尺度误差较大，无法满足精度要求；第 0 尺度耗时太长（17.18 s）无法满足实时性要求；

（2）结合小波金字塔进行匹配通过层层映射得到最终匹配结果，即第 0 尺度的匹配结果误差较小，精度较高，且计算量小，总耗时大大降低（0.085 s）。

与传统金字塔匹配算法在各小波尺度上的全尺寸图像上进行景象匹配相比，由于本章提出的 MSNR – FSM 算法只在各小波尺度上的邻域重构图像进行景象匹配，使得该算法能够同时满足工程应用中对景象匹配精确性和实时性的要求。

5.5 本章小结

本章提出了基于小波多分辨分析的 MSNR-FSM 算法。通过对几种小波函数性能的分析,选择了 Symlets 小波作为小波分解函数,使得分解结果可与原始图像保持最大的相似性。在此基础上,利用小波多分辨分析构建基准图与实时图的小波金字塔,通过配准点坐标映射与邻域重构,将边缘测度加权 Hausdroff 距离作为景象匹配的相似性度量,从最大尺度到最小尺度由粗到细进行了逐级景象匹配,从而实现快速、精确的景象匹配。实测航空图像序列景象匹配试验结果表明,该算法在大幅度提高景象匹配实时性的同时也保证了飞行器定位的精确性,为景象匹配导航的工程化以及景象匹配原理样机的研制提供了可靠的理论支持。

第六章	基于 SVD - SURF 的宽基线
	鲁棒景象匹配算法

6.1　引　言

宽基线(wide baseline)一词用于图像配准领域时,泛指待配准图像间存在着明显的差异,如较大的位置、角度、尺度及光照等变化[85, 172-173]。在宽基线条件下,即使是同一特征,在图像中所表示出来的光学、几何等特性都有很大的不同,再加上噪声、模糊、遮挡等其他因素的存在,这些都大大增加了宽基线图像配准问题的难度。在宽基线图像配准中,对于图像的几何变换、光照变换、噪声影响、图像畸变等因素保持稳定性的特征,称为不变特征(invariant feature)[85, 172-173],该领域的研究已经引起了国内外学者们的广泛关注[85, 172-173]。

目前,常利用景象匹配精确定位优势辅助惯性导航以修正其累积误差,可实现惯性导航系统的长时间精确导航。考虑到载台飞行姿态的变化,当实时图和基准图间存在大角度旋转、剧烈光照变化等较大差异时,传统的基于模板匹配的算法往往需要借助无人机相对于预定航迹的航向偏差,预先估计出实时图相对于基准图的旋转角度,然后再进行配准。这不仅增加了系统的复杂度,而且通过航向偏差得到的旋转角度精度较低。与传统模板匹配算法相比,基于不变特征的配准算法在精度和鲁棒性方面均具有较大优势。

快速鲁棒特征[174](Speeded - Up Robust Features,SURF)是一种新的局部不变特征算法,SURF 对子区域的梯度信息进行了整合,可以有效解决实时图与基准图在几何变换、畸变、仿射变换、视角变换、亮度变换、噪声干扰等情况下的匹配问题,国外也仅有少量关于 SURF 的研究。Oconaire C 等[175]使用 SURF 特征进行可穿戴相机的图像定位,Gossow D 等[176]使用直方图和 SURF 特征进行威胁探测,Zhang Zhanyu 等[177]使用 SURF 实现单目视觉 SLAM 等。

奇异值[178]作为一种代数特征在图像识别中得到应用,图像的奇异值具有良好的稳定性。奇异值反映了图像的一种代数本质,这种本质不是直观的,而是一种内在属性,它具备代数和几何上的不变性。通过对实时图与基准图进行奇异值分解,将不易受随机因素干扰的信息作为该模式的特征提取出来,具有增强识别精度、减少运算量和提高运算速度的作用,且奇异值特征具有良好的可区分性、稳定性和独立性。

　　本章以景象匹配视觉导航为研究背景,针对景象匹配的核心技术和难点问题之一,即宽基线条件下的景象匹配展开研究,提出一种基于 SVD - SURF 的宽基线鲁棒景象匹配(SVD - SURF - Based Wide Baseline Robust Scene Matching,S^{2}WB - RSM)算法。重点研究实时图与基准图之间发生较大平移、旋转、尺度变化、亮度变化等条件下的鲁棒特征检测、描述和匹配等问题,通过对实时图与基准图进行奇异值分解,将不易受随机因素干扰的信息作为该模式的特征提取出来,并通过航空实测图像序列对提出的景象匹配算法进行有效性验证。

6.2　奇异值特征向量

6.2.1　奇异值分解

　　若矩阵 $A \in R^{m \times n}$,则存在正交矩阵 $U = [u_1, u_2, \cdots, u_m] \in R^{m \times m}$,$V = [v_1, v_2, \cdots, v_n] \in R^{n \times n}$,使得 $U^T A V = \mathrm{diag}\{\sigma_1, \sigma_2, \cdots, \sigma_p\} = W$,$p = \min(m, n)$,即 $A = U W V^T$,则称为 A 的奇异值分解。其中,$\sigma_1 \geqslant \sigma_2 \geqslant \cdots \geqslant \sigma_p \geqslant 0$,$\sigma_i(i = 1, 2, \cdots, p)$ 为 A 的奇异值,是 AA^T 或 A^TA 的特征值的平方根,即 $\sigma_i = \sqrt{\lambda_i}$。

6.2.2　奇异值特征向量

一、特征向量

　　定义设 A 是 n 阶方阵,若有数 λ 和非零向量 x,使得

$$Ax = \lambda x \qquad (6-1)$$

称数 λ 是 A 的特征值,非零向量 x 是 A 对应于特征值 λ 的特征向量。

二、奇异值特征向量的几何性质

　　奇异值向量具有如下几何性质[178-179]:

（1）稳定性。由于奇异值特征向量具有良好的稳定性，所以它对图像噪声、图像光照条件引起的灰度变化具有不敏感的特性。

（2）转置不变性。A 和 A^T 有相同的奇异值，即对应于同一个奇异值特征向量。

（3）旋转不变性。图像 A 和旋转后的图像有相同的奇异值特征向量。

（4）位移不变性。对图像的位移变换可归结为对图像矩阵作行（或列）的置换，原始图像 A 与其交换两行（或两列）后的图像有相同的 SV 特征向量。

（5）镜像变换不变性。若对任何一个正交于 x 的向量 y，有关系 $T(y+ax)=y-ax$，其中，a 是实常数，则称变换 T 为镜像变换。奇异值特征向量具有镜像变换不变性。

三、奇异值特征向量降维

由奇异值分解的定义可知，$m \times n$ 维图像矩阵奇异值个数为 $p=\min(m,n)$。如果直接对 p 个奇异值特征进行匹配，由于 p 较大，势必增加计算量，影响速度。为此，根据定理 6.1 和定理 6.2，本章对奇异值特征向量进行降维[179]，保留图像矩阵的较大奇异值，忽略较小奇异值。

定理 6.1 若矩阵 $A \in R^{m \times n}$，A 的 SVD 由上述定义给出，且 $\sigma_1 \geqslant \sigma_2 \geqslant \cdots \geqslant \sigma_r > \sigma_{r+1}=\cdots=\sigma_p=0$，$p=\min(m,n)$，则 $\text{rank}(A)=r$，$A=\sum_{i=1}^{r}\sigma_i\mu_iv_i^T=U_rW_rV_r^T$，其中，$U_r=\{u_1,u_2,\cdots,u_r\}$，$V_r=[v_1,v_2,\cdots,v_r]$，$W_r=\text{diag}[\sigma_1,\sigma_1,\cdots,\sigma_r]$。

定理 6.1 将矩阵表示成了秩 r 矩阵的和，同时将矩阵中向量组的相关性问题转化为矩阵的非零奇异值个数问题。此时，矩阵的秩等于非零奇异值个数。

定理 6.2 假设 $A \in R^{m \times n}$，A 的 SVD 由上述定义给出，且 $\text{rank}(A)=r \geqslant s$，$m$，$n$，$r$，$s$ 均为正整数。若 $W_s=\text{diag}(\sigma_1,\sigma_1,\cdots,\sigma_s)$，$A_s=U\begin{bmatrix} W_s & 0 \\ 0 & 0 \end{bmatrix}V^T=\sum_{i=1}^{s}\sigma_iu_iv_i^T$，因此，$\text{rank}(A_s)=\text{rank}(W_s)=s$，则 $\|A-A_s\|_F=\min\{\|A-B\|_F,B \in R^{m \times n}\}$。

定理 6.2 表明，在 Frobenious 范数意义下，A_s 是在空间 $R_s^{m \times n}$（秩为 s 的 $m \times n$ 维矩阵构成的线性空间）中 A 的一个降秩最佳逼近。也即是说，在 Frobenious 范数意义下，A_s 是 A 中所有秩为 s 矩阵的一个最佳逼近。

从定理 6.1 与定理 6.2 可知，奇异值特征向量降维是舍弃某些较小奇异值的过程。将图像矩阵进行奇异值分解，再通过奇异值特征向量降维可获得图像矩阵的有效秩。这里，有效秩为所保留的奇异值个数。由保留奇异值生成的新图像矩阵是原始图像矩阵在 Frobenious 范数意义下的一个降秩最佳逼近。

　　奇异值特征向量降维时要在计算复杂度和正确识别率之间权衡。选的特征数太少影响识别,太多会增加计算量。图 6-1 从(a)~(h)依次是原图像及其相应的提取 5,10,15,20,30,60,120 个特征重建后的图像。从图 6-1 中可以看出 30 个特征重建后的图像和原图很接近,从直观上说明奇异值特征向量降维是可行的,并可大幅度减小特征匹配的计算量,提高景象匹配的实时性。

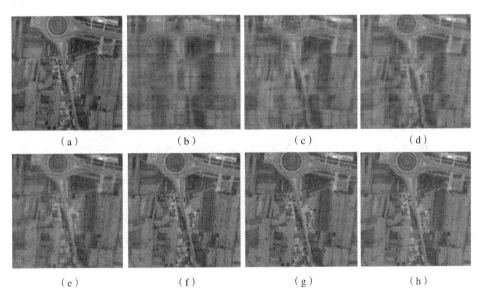

（a）　　　　　（b）　　　　　（c）　　　　　（d）

（e）　　　　　（f）　　　　　（g）　　　　　（h）

图 6-1　原图像和重建后的图像

(a)原图像;(b)前 5 个特征重建;(c)前 10 个特征重建;(d)前 15 个特征重建
(e)前 20 个特征重建;(f)前 30 个特征重建;(g)前 60 个特征重建;(h)前 120 个特征重建

四、奇异值特征向量排序

　　奇异值向量中的特征均为从大到小排序[180],即为所有类别样本的奇异值向量具有结构相似的模式特征。这种特征虽然具有独立性,但其可区分性和稳定性较弱。如果直接将该矢量输入支持向量机训练,则其学习能力和推广能力都很差。对特征矢量的分量进行重排序,从而使得相同类别图像具有相同的结构特征且不同类别图像具有不同的结构特征,从而使其特征具有可区分性、稳定性和独立性。文献[180]给出了详细过程。

6.3 S^2WB – RSM 算法原理

为了实现宽基线鲁棒景象匹配,首先对实时图与基准图分别进行奇异值分解、特征向量降维和归一化及排列,之后通过奇异值特征向量对图像进行重构。在此基础上,构建 SURF 尺度空间,运用快速 Hessian 矩阵定位极值点,计算出实时图的 64 维 SURF 特征描述子,基于 SVD 完成特征向量的特征计算,利用 SVD 算法建立匹配矩阵并获得特征点间的对应关系。然后,基于 Hessian 矩阵迹完成特征点匹配。最后,使用 RANSAC 方法剔除出格点,实现位置参数的精确估计。

6.3.1 奇异值特征向量提取

奇异值特征向量提取共六个步骤,具体如下:①图像数字化;②图像灰度化;③图像奇异值分解;④特征值向量提取;⑤特征值向量排序;⑥前 k 较大特征向量提取。

由于矩阵奇异值分解具有稳定性,当缩放程度不大时,这些误差作为小范围内的扰动,对奇异值特征矢量产生的影响并不大,因此,图像奇异值特征矢量在缩放变换下的不变性可以提高景象匹配的鲁棒性。表 6.1 显示了图像缩放变换时奇异值特征矢量的前 k 个归一化分量 $\overline{\lambda_i}(i=1,2\ldots k)$,其中,$\overline{\lambda_i} = \lambda_i / \sum_{i=1}^{n} \lambda_i$。

表 6.1 图像缩放变换时奇异值特征矢量的前 k 个归一化分量($k=10$)

归一化分量个数 k	原图像的 $\overline{\lambda_i}$	1/2 原图像尺寸的 $\overline{\lambda_i}$	2 倍原图像尺寸的 $\overline{\lambda_i}$
1	0.540 2	0.539 6	0.540 0
2	0.140 9	0.141 0	0.141 0
3	0.066 4	0.066 5	0.066 5
4	0.053 5	0.053 6	0.053 6
5	0.051 7	0.051 7	0.051 7
6	0.036 3	0.036 4	0.036 3
7	0.034 6	0.034 7	0.034 6
8	0.028 1	0.028 1	0.028 1
9	0.026 2	0.026 3	0.026 2
10	0.022 0	0.022 1	0.022 0

通过计算图像缩放变换时奇异值特征矢量的前 10 个分量,见表 6.1,证明了图像奇异值特征矢量在缩放变换下具有的不变性,并将此性质应用于图像匹配。试验结果表明,这种性质与奇异值特征矢量在其他变换条件下的不变性一样,是奇异值特征矢量作为图像代数特征的一个重要依据。

6.3.2　SURF 特征提取与匹配

针对基于 SVD - SURF 的宽基线鲁棒景象匹配问题,本章提出了一种基于快速鲁棒特征的视觉定位方法,该方法能够适应航空序列图像的旋转、尺度变换及噪声干扰,实现飞行器位置的精确估计。首先,构建了 SURF 尺度空间,运用快速 Hessian 矩阵定位极值点,计算出航空图像的 64 维 SURF 特征描述子;然后,基于 Hessian 矩阵迹完成特征点匹配;最后,使用 RANSAC 方法剔除出格点,实现位置参数的精确估计。

主要包括两个部分:无人机航空序列图像的 SURF 特征描述子提取和无人机航空序列图像的 SURF 特征点匹配。具体实现步骤如下:①多尺度空间构建;②快速 Hessian 矩阵检测;③SURF 特征描述子提取;④基于 Hessian 矩阵迹的特征点匹配;⑤基于 RANSAC 的局部参数估计。

6.3.3　算法性能分析

一、复杂度分析

为了面向实际应用,本章算法的复杂度主要从两个过程分析与优化:多尺度空间构建和特征描述子的建立。现在以 SIFT 算法为参照,对本章算法的复杂度作深入分析。

在多尺度空间构建方面,高斯拉普拉斯 LOG 算子被认为是准确性最高的,但其在算法的时间复杂度方面却很欠缺。SIFT 算法采用的 DOG 算子,在很大程度上近似于 LOG 算子,但因为采用了以阶差分来近似作为尺度空间的值,避免了梯度的求解,从而降低了时间复杂度,但仍不可避免地在构建尺度空间时要对每个点作不同的浮点高斯卷积运算,程序的时间复杂度仍很大。而本章算法在特征点的提取方面采用了另外的一种方法,即使用 Hessian 矩阵的值作为点该尺度空间的值,Hessian 矩阵采用的方法在原理上和 LOG 算子也有很大的相似处,二维的高斯函数是 LOG 算子的基础,Hessian 矩阵的分量 D_{xx},D_{xy},D_{yy},分别和高斯函数的二阶方向导数 $\partial^2 g(\sigma)/\partial x^2$,$\partial^2 g(\sigma)/\partial x \partial y$,$\partial^2 g(\sigma)/\partial y^2$ 对应的相似关系,因此采用 Hessian 矩阵的方阵值来表示多尺度空间的值有近似的效果,而且由于本章算法事先已经计算出了图像的积分图像,若计算任意区域的点则只要采用查表法就可实现,避免了同 DOG 算子一样在构建尺度空间时进行大量的浮点运算,从而加速尺度空间的构建过程。

在特征描述子的建立方面,两者的复杂度也有稍微的不同。SIFT 算法为了得到更稳定的特征点,在局部区域进行了特征点的重新估算,在主方向的基础上,找到了其副方向,并对特征点的方向进行了旋转,保证了特征点的方向不变性,并用临近区域点的加权特征值生成最终的 128 维特征向量。而本章算法是对局部区域在 x,y 方向求出了 harr 函数的小波相位,并用高斯加权最终生成需要的 64 维特征向量。因此,本章算法在时间复杂度方面较 SIFT 优势明显。

二、实时性与精确性分析

试验数据来自某型无人机真实测试数据,该无人机速度约 120 km/h,航高 2 000 m 左右,近似直线平飞,机载摄像机帧率 25 fps,尺寸为 320×240 像素,记录数据约 30 min,本章选用 00:00:30—00:02:00 之间的 1 min 30 s 视频数据进行基于 SURF 特征的航空序列图像位置估计方法试验验证。算法的实时性与精确性参数统计见表 6.2。

表 6.2　本章算法的实时性和精确性参数统计表

特征类型	统计项目	测试试验一 (分辨率 5 m/像素)		测试试验二 (分辨率 5 m/像素)	
SURF	平均误差/像素	1.3, 1.9	2.7, 3.6	2.4, 3.8	4.2, 2.2
	平均耗时/ms	353.21	373.32	363.54	384.25
本章算法	平均误差/像素	0.8, 1.1	1.7, 2.0	1.2, 1.8	1.2, 0.9
	平均耗时/ms	35.53	34.69	35.75	35.32

在表 6.2 中,本章算法的实时性较强(≥28 Hz),所耗时间几乎是基于 SURF 特征的 1/10;而且匹配精度较高(≤10 m),比基于 SURF 特征的算法精度提高近一倍,比较适合于无人机视觉导航应用,可满足实际工程对视觉导航的实时性与精确性要求。

6.3.4 算法实现流程

S^{2}WB-RSM 算法流程主要包括 SVD 特征计算模型、多尺度空间构建、快速 Hessian 矩阵检测、SURF 特征描述子提取、基于 Hessian 矩阵迹的特征点匹配以及基于 RANSAC 的局部参数估计等 6 个过程。具体流程如图 6-2 所示。

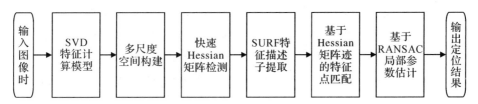

图 6-2 S^{2}WB-RSM 算法流程图

一、SVD 特征计算模型

对实时图与基准图分别进行奇异值分解、奇异值特征向量降维、特征矢量归一化(实现奇异值特征的比例不变性,把所有数据归一到区间[-1,1])、特征矢量排列等步骤后构成特征库,之后通过奇异值特征向量对图像进行重构。由于奇异值特征向量从较大维数降低到较小的维数,从而大幅度减小了计算量,同时提高了匹配的可靠性。

二、多尺度空间构建

在实现奇异值特征向量对图像进行重构的基础上,开展图像的多尺度空间构建,用于 SURF 特征提取与特征匹配。相邻尺度差和高斯二阶导的大小有关,本书采用 9×9 滤波器,高斯二阶导的大小定为 3,其滤波器大小的 1/3,即 9×1/3=3。计算下一个滤波器的大小,为了保证滤波器的中心位于像素点上,要对第一层的滤波器增加偶数像素。这样滤波器的大小就增加了 6 像素,即下一层的滤波器的大小变为 15。滤波器尺寸可用 size=3+5s 公式计算。其中,s 是 σ 的倍数。

三、快速 Hessian 矩阵检测

对于图像 I 中一个给定的点 X=(x,y),Hessian 矩阵中采用近似的高斯核函数,即箱式滤波器 D_{xx},D_{xy},D_{yy},9×9 的滤波器是对高斯核函数在 σ=1.2 处的近似。为保持计算精度,引入高斯核函数和高斯核函数的比例因子 ω,Hessian 矩阵的行列式变形为

无人机系统研究与应用出版工程

$$\det(\boldsymbol{H}_{\text{approx}}) = D_{xx}D_{yy} - (\omega D_{xy})^2 \qquad (6-2)$$

试验中 ω 取常量 0.9,对位置估计精度影响较小,且可大幅降低算法复杂度。

四、SURF 特征描述子提取

极值点的主方向计算首先以极值点为中心选取半径为 $6s$ 的圆形区域(s 即极值点所在尺度),计算哈尔小波在 x 和 y 方向上的响应值,记为 h_x, h_y。以 $\sigma = 3s$ 为加权因子对两个响应值高斯加权,记为 W_{hx}, W_{hy}。对 W_{hx}, W_{hy} 用直方图统计并将 360° 均分为 72 组,以极值点为中心的圆均分为 6 个区,统计各 60° 扇区内的 W_{hx}, W_{hy},记为 $\sum W_{hx}, \sum W_{hy}$;同时计算该区的梯度值,梯度值最大区域所在的方向即为该极值点的主方向,以 $\sum W_{hx}, \sum W_{hy}$ 反正切计算出主方向度数。

为了提取极值点描述子,需要在极值点周围选取 20×20 像素大小的区域。首先以极值点为中心,将区域的方向旋转到极值点的方向。将这个正方形区域分成 4×4 共 16 个子区域,每个子区域里有 ($20/4 = 5$)5×5 的像素。这里之所以选择 4×4 大小的子区域,在每一个子区域分别计算每个像素点在哈尔小波 x 和 y 方向上的响应值。

计算完所有的像素的响应值后,对所有的 dx, dy,以极值点为中心进行高斯加权($\sigma = 3.35$),分别记为 dx, dy,然后求和,记为 $\sum dx, \sum dy$。并对 dx, dy 绝对值求和,记为 $\sum |dx|, \sum |dy|$,均存入特征向量并归一化,使得描述子具有光照、尺度不变性,这样就形成了一个四维的向量:$v = \left[\sum dx \quad \sum dy \quad \sum |dx| \quad \sum |dy| \right]$。对 16 个子区域分别求特征向量,形成一个 $16 \times 4 = 64$ 维的特征向量。利用该方法对一对实时图和基准图进行了 SURF 特征点提取,如图 6-3 所示。

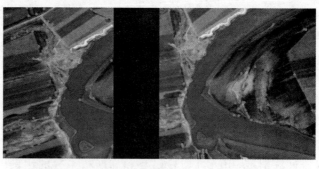

图 6-3 SURF 特征点提取(左:实时图;右:基准图)

五、基于 Hessian 矩阵迹的特征点匹配

在实际应用中,由于 Hessian 矩阵迹计算简单有效,这里选取基于 Hessian 矩阵迹的特征点匹配方法。在 Hessian 矩阵迹计算完毕之后,对 Hessian 矩阵主对角线求和,即

$$\text{trace}(i) = \sum (\mathrm{d}x + \mathrm{d}y) \tag{6-3}$$

其中,$\mathrm{d}x$,$\mathrm{d}y$ 仍然是积分图像想滤波器的 x 和 y 方向上的响应值。在进行相似性度量的时候,首先判断 Hessian 矩阵的迹的符号,如果 $\text{trace}(i)$ 是大于 0 的数,令描述子等于 1,反之,令描述子等于 -1。若两个描述子的 $\text{trace}(i)$ 相同,可继续比较;反之,后面的描述子则不需要再比较;比较时需先分别计算实时图描述子 $\text{discriptor}_\text{sensed}$ 和基准图描述子 $\text{discriptor}_\text{ref}$ 的欧氏距离,即

$$\text{dist} = \sum_{i=0}^{64} (\text{discriptor}_\text{sensed} - \text{discriptor}_\text{ref})^2 \tag{6-4}$$

计算最近邻匹配点 dist_f 和次近邻匹配点 dist_s,若 $\text{dist}_\text{s}/\text{dist}_\text{f} \leqslant 1$,则二者匹配。基于 Hessian 矩阵迹的特征点匹配结果如图 6-4 所示。

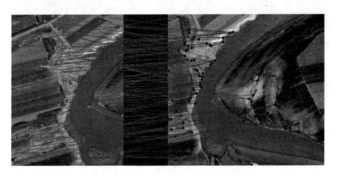

图 6-4 基于 Hessian 矩阵迹的特征点匹配

六、基于 RANSAC 的局部参数估计

RANSAC 算法的流程如下:①随机选择 N 个样本;②根据抽取样本估计模型数;③用估计模型计算各匹配点对间的距离,将距离小于阈值的匹配点作为内点;④上述过程重复 k 次,选择一个包含内点最多的点集,重新计算模型参数。各参数计算关系为

$$k = \lg(1-P)/\lg[1-(1-\varepsilon)^s] \tag{6-5}$$

其中,外点概率为 ε;采样点对数为 s;k 次采样至少有 1 次全部是内点的概率为 P。

无人机系统研究与应用出版工程

本章用 RANSAC 算法求解给定两幅图像间的变换参数。基于 RANSAC 的局部参数估计如图 6-5 所示，剔除外点后，符合匹配要求的内点共 109 对，试验结果显示了 SURF 出格点提出后的内点配对结果、实时图基于 RANSAC 估计参数的变换结果以及实时图中心在基准图上的定位结果。

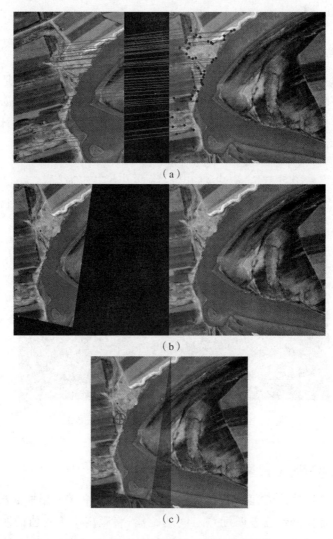

图 6-5　基于 RANSAC 的局部参数估计

（a）SURF 出格点提出后的内点配对结果；

（b）实时图基于 RANSAC 估计参数的变换结果；

（c）实时图中心在基准图上的定位结果

6.4 试验结果及讨论

试验数据环境采用第五章的"测试序列Ⅰ"。试验环境采用第五章的"测试环境Ⅰ"。为了验证本章提出的 $S^2WB-RSM$ 算法的有效性,首先就影响 SVD-SURF 算法性能的因素,如匹配区数目以及独立空间关系约束,做了对比试验。针对多帧实时图序列的景象匹配做了对比试验,进一步验证了 SVD-SURF 算法的精确性与鲁棒性。两种算法 SVD-SURF 与 SVD-SIFT 所使用的匹配区总面积大小一致。

在实际工程应用中,无人机景象匹配的环境非常复杂,即使在适配区,也不能保证每一帧实时图都准确定位,由于每次景象匹配都是单区域匹配,配准机会只有一次,一旦失败就无法保证景象匹配实时精确导航;同时,由于无人机高速飞行,要求景象匹配必须具有很强的实时性。为了验证 SVD-SURF 算法在无人机实际工作环境下的有效性,基于实时图序列对 SVD-SIFT 算法与 SVD-SURF 算法进行了对比试验。基准图大小为 $640×480$ 像素,实时图大小为 $320×240$ 像素。采用 Daubechies 小波基对源图像进行图像压缩[181-182],以提高景象匹配的实时性。运用基于加权部分 Hausdorff 距离景象匹配算法[183],针对可见光实时图序列、SAR 实时图序列与相应的基准图进行景象匹配。

一、可见光实时图序列适配区连续景象匹配

基于可见光实时图序列的连续景象匹配试验结果数据见表 6.3。

表 6.3 基于可见光实时图序列的连续景象匹配对比试验数据

ID	真实坐标	SVD-SIFT 算法	配准误差	SVD-SURF 算法	配准误差
1	190, 156	354, 188	误匹配	190, 156	0, 0
2	192, 150	190, 140	2, 10	194, 146	-2, 4
3	192, 142	362, 184	误匹配	192, 142	0, 0
4	194, 136	194, 136	0, 0	194, 136	0, 0
5	196, 130	194, 128	2, 2	196, 130	0, 0
6	196, 126	196, 126	0, 0	198, 128	-2, -2

续表

ID	真实坐标	SVD - SIFT 算法	配准误差	SVD - SURF 算法	配准误差
7	198, 122	198, 122	0, 0	198, 122	0, 0
8	198, 120	198, 120	0, 0	198, 120	0, 0
9	198, 118	198, 118	0, 0	198, 118	0, 0
10	200, 114	198, 114	2, 0	198, 114	2, 0
11	200, 110	202, 108	−2, 2	204, 110	−4, 0
12	202, 104	200, 102	2, 2	202, 104	0, 0
13	202, 102	200, 100	2, 2	202, 102	0, 0
14	204, 100	202, 98	2, 2	204, 102	0, −2
15	206, 94	202, 92	4, 2	206, 96	0, −2

可见光实时图序列的宽基线鲁棒景象匹配试验结果曲线如图 6-6 和图 6-7 所示。

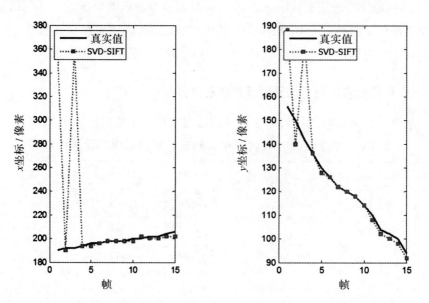

图 6-6 基于 SVD-SIFT 的可见光实时图序列配准结果

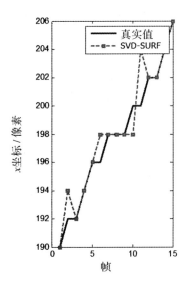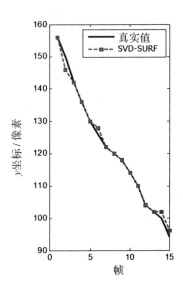

图 6-7 基于 SVD – SURF 的可见光实时图序列配准结果

二、SAR 实时图序列适配区连续景象匹配

基于 SAR 实时图序列的连续景象匹配试验结果数据见表 6.4。

表 6.4 基于 SAR 实时图序列的连续景象匹配对比试验数据

ID	真实坐标	SVD – SIFT 算法	配准误差	SVD – SURF 算法	配准误差
1	236，125	236，124	0，1	237，125	−1，0
2	242，125	242，125	0，0	243，125	−1，0
3	248，125	248，125	0，0	249，125	−1，0
4	254，125	254，125	0，0	255，125	−1，0
5	260，125	261，125	−1，0	261，125	−1，0
6	266，125	266，124	0，1	267，125	−1，0
7	272，125	272，124	0，1	273，125	−1，0
8	278，125	281，124	−3，1	281，125	−3，0
9	284，125	290，125	−6，0	285，126	−1，−1
10	290，125	292，125	−2，0	293，126	−3，−1

　　基于 SAR 实时图序列的连续景象匹配试验结果曲线如图 6－8 与图 6－9
所示。

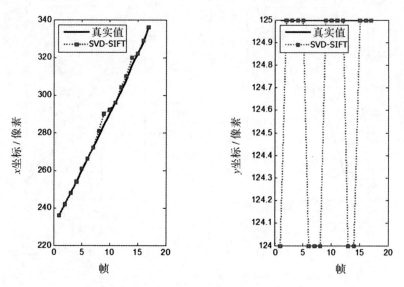

图 6－8　基于 SVD－SIFT 算法的 SAR 实时图序列配准结果

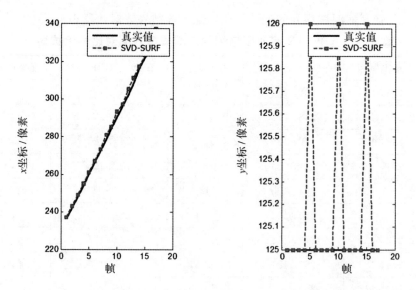

图 6－9　基于 SVD－SURF 的 SAR 实时图序列配准结果

由于无人机平台景象匹配在实际工作中通常是以实时图序列为配准对象，其配准精度直接反映了该景象匹配算法能否满足无人机实时景象匹配的实际要求。由于可见光实时图与基准图差异较大，从表6.3可以看出，SVD-SIFT算法的配准精度较低，甚至出现误匹配，73.3%的配准点满足无人机任务需求的实际要求（配准误差≤2像素）；而SVD-SURF算法配准误差为3个像素，86.6%的配准点满足无人机任务需求的实际要求（配准误差≤2像素）。

由于SAR成像受气象条件的影响较小，所以实时图与基准图比较接近。从表6.4可以看出，SAR图像实时图序列的SVD-SIFT算法配准最大误差为6个像素，SVD-SURF算法配准误差普遍较小（≤3像素）。

在实时性方面，对于特征向量的维数，SVD-SURF算法远远小于SVD-SIFT算法，实时性明显高于SVD-SIFT算法，两种算法均采用小波图像分解快速景象匹配，其耗时见表6.5与表6.6。试验统计数据表明SVD-SURF算法比SVD-SIFT算法在实时性能方面分别提高36.1%和12.7%。因此，SVD-SURF算法符合无人机实时景象匹配复杂性工作环境对景象匹配算法实时性、精确性和鲁棒性的要求。

表6.5 基于一次小波分解的SVD-SURF与SVD-SIFT耗时统计

项　目	SVD-SIFT(140×140像素)/s	SVD-SURF(140×140像素)/s
匹配区分裂	0	0.169 619
预处理	0.219 601	0.228 831
景象配准	14.885 916	9.250 605
总计	15.105 52	9.6490 55

表6.6 基于二次小波分解的SVD-SURF与SVD-SIFT耗时统计

项　目	SVD-SIFT(140×140像素)耗时/s	SVD-SURF(140×140像素)耗时/s
匹配区分裂	0	0.047 159
预处理	0.226 645	0.228 831
景象配准	1.624 884	1.339 15
总计	1.851 529	1.615 140

无人机系统研究与应用出版工程

6.5 本章小结

　　基于图像的奇异值特征具有良好的可区分性、稳定性和独立性,本章提出了 S^2WB - RSM 算法。在对实时图与基准图奇异值分解的基础上构建了 SURF 尺度空间,运用快速 Hessian 矩阵定位极值点;计算出图像的 64 维 SURF 描述子,并通过 Hessian 矩阵迹进行特征点匹配,利用 RANSAC 参数估计方法剔除出格点,从而实现了位置参数的精确估计。通过航空实测图像序列景象匹配试验验证了 S^2WB - RSM 算法能够适应航空序列图像的一定的旋转、尺度变换及噪声干扰。

第三部分

连续多帧景象匹配算法研究

在景象匹配过程中,由于成像方式、成像时间以及成像环境的不同,实测图和机载基准图可能存在较大灰度、分辨率、旋转与尺度差异以及非线性失真等;同时,如果实测图像小于预先存储的基准图,则在基准图像中很有可能存在重复模式,从而使得真实配准位置往往不在相关匹配曲面的主峰值处,导致错误匹配。为此学者们提出了不少的改进算法,如加权 Hausdorff 距离匹配[19, 184]、多子区[49]、空间几何约束[97-98]、对极几何约束[100]等,但这些算法均是基于单幅图像匹配的,当实测图像质量较差时,其匹配错误率仍然较高。而在实际工程中,无人机拍摄到的图像往往不是一副,而是多幅。序列图像为提高匹配性能提供了十分有利的条件,不少学者对此进行了研究,如殷飞[185]、王永明[186]和邓志鹏[47]以及杨小冈[187]等提出采用多幅图像的匹配结果来进行综合处理以确定最终的匹配结果,以消除由各种因素引起的匹配不确定性问题,从而改善系统的整体匹配性能。但殷飞等人[185]的方法并未给出实用的滤波融合算法,同时并未考虑匹配点不在主峰值处给图像定位决策带来的影响。文献[186]利用单次匹配后形成的相关阵中的主次峰构建匹配点之间的有向子图,然后通过计算子图可能路径的飞行代价来决策真实的飞行路径。但在实际中并不能保证后续帧的前 N 个局部峰值与前帧峰值满足惯导系统约束。文献[47]将多个单幅图像匹配的结果叠加,要求图像有较大的重叠区域。而杨小冈等[187]提出的滤波融合算法是一种景象匹配结果的后续处理方法。

为了提高景象匹配算法的匹配性能,本部分在单幅景象匹配研究成果的基础上,引入序列图像匹配技术,研究连续多帧景象匹配算法,通过集合序列图像中多帧图像之间的时空约束关系信息来确定最终的正确匹配位置,从而能够有效地提高匹配算法的性能。

<table>
<tr><td>第七章</td><td>基于时空约束的序列图像
景象匹配算法</td></tr>
</table>

7.1 引　　言

为了提高景象匹配算法的匹配性能,本章在上述研究成果的基础上,提出了一种基于时空约束的序列图像景象匹配算法,该算法集合序列图像中多帧图像之间的时空约束关系信息来确定最终的正确匹配位置。

在理想的景象匹配情况下,当 N 帧实测序列图像与对应基准子图完全配准时,实测图与基准图的配准点应该均对应于配准曲面的主峰值,也即每帧中配准点处的匹配相关值 $R(x_i,y_i)(i=1,2,\cdots,N)$ 应该均是各帧匹配曲面中的最大值或最小值。但由于实测图和机载基准图间可能存在较大的灰度、分辨率差异、旋转与尺度变化差异以及图像非线性失真等因素的影响,从而导致某些实测图与基准图的匹配点往往不在相关阵的主峰上,从而导致错误匹配。尽管某些帧的真实匹配位置处的匹配值不是最大值或最小值,但对于 N 帧图像匹配来说,所有帧的真实匹配点对应的匹配值之和 $\sum_{i=1}^{N}R(x_i,y_i)$ 仍极有可能是最大值或最小值,同时,由于飞行器飞行与机载图像传感器拍摄的连续性,真实配准点之间满足一定时空约束关系。因此,许多学者[47, 99, 185-187]借助短时间内惯导系统的信息来判断配准点是否满足一定约束条件。但当惯导系统信息不可靠或精度较差、取得的图像帧间隔较长时,这些方法均无法适用。而对于航空视频序列图像,相邻帧之间存在一定的几何约束关系,从而任意多帧图像之间也同样存在几何约束关系。因此,如果能够根据相邻帧重叠区域的相同特征,采用序列图像匹配技术方法估计图像相邻帧之间的几何映射关系,进一步可以估计相隔多帧图像之间的几何映射关系,而多帧中的真实配准点也应该满足这种几何映射关系,从而可以利用几何映射关系来判断真实配准点之间是否为时空约束关系并剔除错误匹配点。

设相邻帧编号为 $1,2,\cdots,M$ 的图像序列，$\boldsymbol{H}_{i,j}$ 表示从第 j 帧到第 i 帧的局部几何映射矩阵，如图 7-1 所示。

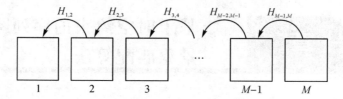

图 7-1　图像相邻帧之间的映射关系图

则从第 k 帧到第 1 帧图像的映射关系矩阵 $\boldsymbol{T}(k)$ 为

$$\boldsymbol{T}(k)=\boldsymbol{T}(k-1)\boldsymbol{H}_{k-1,k}=\boldsymbol{T}(k-2)\boldsymbol{H}_{k-2,k-1}\boldsymbol{H}_{k-1,k}=\boldsymbol{H}_{1,2}\boldsymbol{H}_{3,4}\cdots\boldsymbol{H}_{k-1,k}$$

$$(7-1)$$

因此，如果能估计出映射关系矩阵 $\boldsymbol{T}(k)$，则可以估计当前帧中的正确匹配点在后面相邻 $n-1$ 帧的位置，进而可以判断这些匹配点是否满足飞行时空约束关系，并结合对应的相关匹配值来最终决定真实匹配。而要正确估计映射关系矩阵 $\boldsymbol{T}(k)$，则首先需要准确估计序列图像中相邻帧之间的映射关系矩阵 $\boldsymbol{H}_{i,i+1}$。因此，为实现序列图像的景象匹配，首先采用图像配准技术来估计相邻帧映射关系矩阵 $\boldsymbol{H}_{i,i+1}$ 和相隔帧之间的映射关系矩阵 $\boldsymbol{T}(k)$，然后结合配准点之间的时空约束关系来剔除图像的错误匹配点，实现序列图像的准确匹配。

7.2　基于角点特征的序列图像配准方法

目前序列图像配准中估计图像帧之间映射关系的方法有块匹配（光流）方法、特征匹配方法等，其中基于特征匹配的方法通过提取和匹配稀疏的且具有良好不变性的图像特征点来确定运动图像之间的对应关系，具有鲁棒性好、计算速度快的优点，受到了广泛的关注。如王云丽等[188]及李静[189]在航拍图像镶嵌中采用尺度不变特征（SIFT）[85]匹配图像特征点并取得很好的配准精度。SIFT 具有尺度与旋转不变性，能够很好地解决宽基线图像匹配中尺度与旋转问题，但 SIFT 特征提取计算复杂，难以满足实时性的要求。考虑到航拍序列图像中相邻帧之间尺度与旋转变化差异很小，所以本书采用计算简单的 Harris 角点特征实现图像相邻帧之间的配准。

一、Harris 角点提取

Harris 角点特征算子是 C. Harris 和 M. J. Stephens[141] 在 1988 年提出的一种基于信号的点特征提取算子。这种算子受信号处理中自相关函数的启发，给出了与自相关函数相联系的矩阵 $\boldsymbol{M}$：

$$\boldsymbol{M} = \begin{bmatrix} \left(\dfrac{\partial I}{\partial x}\right)^2 * g & \left(\dfrac{\partial I}{\partial x} \times \dfrac{\partial I}{\partial y}\right) * g \\ \left(\dfrac{\partial I}{\partial x} \times \dfrac{\partial I}{\partial y}\right) * g & \left(\dfrac{\partial I}{\partial y}\right)^2 * g \end{bmatrix} \qquad (7-2)$$

式中，$*$ 表示卷积；g 为高斯函数，用以克服图像噪声的影响；I 代表图像灰度值。$\boldsymbol{M}$ 矩阵的特征值 λ_1，$\lambda_2(\lambda_1 > \lambda_2)$ 是自相关函数的一阶曲率，反映了该点处信号变化的最大、最小值，也就是说，这两个特征值反映了该点局部邻域内的同质程度。如果两个曲率值都高，即 $\lambda_1 > \lambda_2$ 且 $\lambda_2 \gg 0$，表示图像在各个方向的变化都较大，那么就认为该点是角点特征。一般取角点的响应函数 $R(x,y)$ 为

$$R(x,y) = \text{Det}(\boldsymbol{M}) - k \times \text{trace}(\boldsymbol{M}) \qquad (7-3)$$

式中，Det 为矩阵的行列式；trace 为矩阵的迹；k 为常数，一般建议取 $k = 0.04$。设定一个合理的阈值 T，当式（7-3）中的响应函数 $R(x,y)$ 大于该阈值 T 时，则表示为角点，否则不是。也就是 Harris 角点被定义为响应函数的局部极值处，因此，在计算完各像素点的响应值 R 后，以每个像素为中心取 $W \times W$（常取 $W=3$）的窗口进行非极大值抑制，并可提取出图像中所有局部响应值最大的点，如果中心点像素的响应值就是最大值，则该点就是特征点。

由于在实际应用中往往会提取大量的角点，过多的角点会增加匹配的计算量，因此，在提取出局部极值点后，对所有的极值点响应函数 R 排序，根据要求选出响应值最大的若干个点作为最后的结果，图 7-2 给出了相邻两帧图像的 Harris 角点提取结果图。

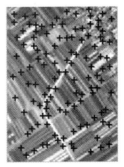

图 7-2　相邻两帧图像提取的 Harris 角点图

二、基于互相关系数的特征点粗匹配

在特征点提取出来后,下一步就是如何匹配特征点。由于两幅图像提取的特征点中有相当多的冗余点,如果不去除这些冗余的特征点将会产生匹配参数的误差,甚至导致匹配失败。匹配特征点的过程就是选择合适的点匹配准则从图像中寻找对应特征点对,这是实现图像配准正确性和精确度的重要保证。常用的角点匹配算法有 Hausdorff 距离法、松弛标记法、确定性退火算法、局部描述子如 SIFT 以及迭代最近点算法(Iterative Closest Point,ICP)等。考虑到在航拍图像序列中,相邻图像帧之间尺度与旋转差异以及灰度差异很小,采用互相关系数作为相似性测度往往就能得到满意的效果,且计算快速。为此,本书中采用双向最大互相关系数作为相似性测度来实现图像特征点间的粗略匹配,然后用随机采样符合法(RASANC)剔除错误匹配特征点对,最终实现图像的精匹配,该方法在去除冗余特征点的同时又能准确提取正确的匹配特征点对。

假设待配准的两帧图像分别为 I_1 和 I_2,并设两幅图像的 Harris 角点特征点分别表示为 $C_1^i(x_1^i, y_1^i)(i=1,2,\cdots,n_1)$ 与 $C_2^j(x_2^j, y_2^j)(j=1,2,\cdots,n_2)$,分别以 C_1^i 与 C_2^j 为中心在图像 I_1 和 I_2 中取得 $n \times n$ 大小的局部图像 rI_1^i, rI_2^j,则定义任意两个特征点 C_1^i 与 C_2^j 之间的相似性系数为

$$\mathrm{Sim}(C_1^i, C_2^j) = \frac{\sum_{x=1}^{n}\sum_{y=1}^{n}\left[rI_1^i(x,y) - \overline{rI_1^i}\right]\left[rI_2^j(x,y) - \overline{rI_2^j}\right]}{\sqrt{\sum_{x=1}^{n}\sum_{y=1}^{n}\left[rI_1^i(x,y) - \overline{rI_1^i}\right]^2 \sum_{x=1}^{n}\sum_{y=1}^{n}\left[rI_2^j(x,y) - \overline{rI_2^j}\right]^2}}$$

$$(7-4)$$

式中,$\overline{rI_1^i}, \overline{rI_2^j}$ 分别为局部图像 rI_1^i 与 rI_2^j 的灰度均值。其具体匹配策略如下:

(1)分别以待配准的两帧图像 I_1 和 I_2 中各个特征点为中心,在对应的原始图像中取得 $n \times n$ 大小的局部区域。

(2)对图像 I_1 中任意特征点 $C_1^i(x_1^i, y_1^i)$,在图像 I_2 中选定一特征点 $C_2^j(x_2^j, y_2^j)$,采用式(7-4)计算两者之间的归一化互相关的值 Sim 作为两者的相似性值,这样,对图像 I_1 和图像 I_2 的所有特征点进行匹配,得到一个互相关匹配矩阵 $Mt_{i,j}^1$。

(3)对图像 I_2 中任意一特征点 $C_2^j(x_2^j, y_2^j)$,在图像 I_1 中选定一特征点 $C_1^i(x_1^i, y_1^i)$,采用(2)中同样的方法进行匹配,得到一个互相关匹配矩阵 $Mt_{j,i}^2$。

(4)搜索互相关匹配矩阵 $Mt_{i,j}^1$,如果矩阵的某个元素值分别所在的行和列

都是最大值,同时,列下标 j 与行下标 i 对应的矩阵 $\boldsymbol{M}\,t_{j,i}^2$ 中值也是行和列都是最大值,则认为行下标 i 对应的特征点 C_i^1 与列下标 j 对应的特征点 C_j^2 是相互匹配对应的。依此原理搜索匹配矩阵,从而实现了所有特征点对的粗略匹配。

三、基于随机采样一致性方法的特征点精匹配

由于仅使用最大相关系数进行匹配仍然会产生错误的匹配对,有时错误匹配的比例会非常高,严重干扰了变换矩阵的估计,导致图像配准失败。因此,必须对特征点对加以校正,剔除错误的匹配对。而随机采样一致性方法是一种从包含"出格点"(outliers,即不满足估计参量的点)的观测数据中鲁棒估计模型参数的方法,被大量地应用于图像匹配中剔除错误匹配点。

随机采样一致性方法(Random Sample Consensus,RANSAC)算法是 Fischler 和 Bolles 于 1981 年提出的[190],其基本思想是:首先根据具体问题设计出某种目标函数,然后通过反复提取最小点集来估计该函数中参量的初始值,利用这些初始参量值把所有的数据分为所谓的"内点"(inliers,即满足估计参量的点)和"出格点",最后反过来用所有的"内点"重新计算和估计函数的参量。以下为内点的判决准则。

设点 p' 和 q' 分别为点 p 和 q 在各自对应图像中估计出来的对应点,则图像中一点的实际匹配点到其估计匹配点之间的欧式距离定义为

$$\text{Dist}(p,p') = \| p-p' \| = \| p-\boldsymbol{H}p \| \tag{7-5}$$

$$\text{Dist}(q,q') = \| q-q' \| = \| q-\boldsymbol{H}^{-1}q \| \tag{7-6}$$

式中,$\boldsymbol{H}$ 为根据采样点计算出的变换模型。考虑对称性,定义最终的判决准则如下:

$$d = \sqrt{\| p-\boldsymbol{H}p \|^2 + \| q-\boldsymbol{H}^{-1}q \|^2} \tag{7-7}$$

给定距离阈值 t,如果 $d < t$,则判断该匹配点对为内点,否则为出格点。只有内点才用于适合计算变换矩阵 $\boldsymbol{H}$。RANSAC 算法具体流程如下:

(1)随机选择 N 个样本;

(2)根据抽取样本估计模型参数;

(3)用估计的模型计算每一个匹配点对之间的距离 d,将距离小于阈值 t 的匹配点作为内点;

(4)将上述过程重复 k 次,选择一个包含内点最多的点集,重新计算模型参数。这里重复次数 k 由外点概率 ε,采样点对数 s 和 k 次采样至少有一次全部为内点的概率 P 经下式计算得出:

无人机系统研究与应用出版工程

$$k = \frac{\lg(1-P)}{\lg[1-(1-\varepsilon)^s]} \tag{7-8}$$

RANSAC 算法能够有效去除误匹配点对,实现简单,因此在图像处理、计算机视觉中得到了广泛的应用。但是,直接将上述基本的 RANSAC 算法用于图像间的参数估计时,样本之间坐标系的差异会给距离阈值设计带来不变。为了提高算法稳定性,减少噪声干扰,在参数估计之前,采用文献[191]中算法对所有的数据进行归一化处理。假设当图像粗略匹配后,得到两组特征匹配点集,分别为 $U = \{C_1^1, C_1^2, \cdots, C_1^M\}$,$V = \{C_2^1, C_2^2, \cdots, C_2^M\}$。其中 $\{C_1^i, C_2^i\}$ 为对应匹配对,M 为匹配点对总数。

首先对图像点做位移变换,使得图像的原点位于点集的质心,即有

$$U' = U - \overline{U} \tag{7-9}$$

$$V' = V - \overline{V} \tag{7-10}$$

式中,$\overline{U}$,$\overline{V}$ 分别为点集 U,V 的坐标均值,则有

$$\overline{U} = \frac{1}{M} \sum_{i=1}^{M} C_1^i \tag{7-11}$$

$$\overline{V} = \frac{1}{M} \sum_{i=1}^{M} C_2^i \tag{7-12}$$

然后对图像点做缩放变换使得图像点分布在以质心为圆心,半径为 $\sqrt{2}$ 的圆内。则有

$$U'_{\text{norm}} = \frac{\sqrt{2}}{R_1} U' \tag{7-13}$$

$$V'_{\text{norm}} = \frac{\sqrt{2}}{R_2} V' \tag{7-14}$$

其中

$$R_1 = \frac{1}{M} \sqrt{\sum_{i=1}^{M} [(C'^i_{1,x})^2 + (C'^i_{1,y})^2]} \tag{7-15}$$

$$R_2 = \frac{1}{M} \sqrt{\sum_{i=1}^{M} [(C'^i_{2,x})^2 + (C'^i_{2,y})^2]} \tag{7-16}$$

在用 RANSAC 剔除误匹配对后,根据所有的"内点"和选定的模型,用最小二乘估计求解最终的两幅图像间局部变换参数。由于仿射变换可以描述摄像机的平移、旋转、缩放运动,因此,本章选择仿射变换模型作为相邻帧间的图像变换模型。采用上述方法的相邻两帧图像匹配特征点对和配准结果如图 7-3 所示。

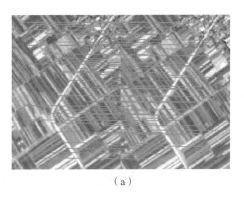

（a）　　　　　　　　　　（b）

图 7 - 3　相邻两帧图像的匹配特征点对及配准结果图像

（a）相邻两帧图像的匹配特征点对；（b）配准结果图像

7.3　结合时空约束关系的配准点决策

在匹配过程中,先分别对实测序列图像中各单帧图像与对应的基准子图进行相关匹配,并对相关匹配曲面进行局部最大值抑制,获得前 m 个匹配局部极大或极小峰值;然后判断各帧中 m 个匹配局部极值是否满足时空约束关系,并计算满足约束关系的极值处平均值匹配相关值 P,其中 P 值最大对应的点集为正确配准点,其具体的算法步骤见下文。

假定在一个序列图像中含有 M 幅实测图像,按飞行器所拍摄的先后顺序给定图像帧编号为 $1,2,\cdots,M$。

（1）依次取 $n(n<M)$ 帧实测图像（如:$1,2,\cdots,n$）,分别对 n 帧单帧实测图像与对应的基准子图进行相关匹配,并对每帧匹配的相关匹配曲面进行局部极大值抑制,获得对应的匹配相关值最大或最小的前 m 个局部峰值 $(x_i^j,y_i^j)(i=1,2,\cdots,n,j=1,2,\cdots,m)$。

（2）以第一帧图像匹配的前 m 个匹配点对应的位置 $(x_1^j,y_1^j)(j=1,2,\cdots,m)$ 为基准,依据序列图像配准推断公式(7-1),分别估计这 m 个匹配点在后面相邻 $n-1$ 帧的位置 $(ex_i^j,ey_i^j)(i=2,3,\cdots,n,j=1,2,\cdots,m)$,然后进行时空约束判断。

（3）时空约束判断:如果在第 $i(i=2,3,\cdots,n)$ 帧图像中,以 (ex_i^j,ey_i^j) 为中心的局部范围 $[-\Delta,-\Delta]$（这里 Δ 为单帧实测图像正确匹配时允许的最大误差）中存在相关匹配局部峰值 (px_i^j,py_i^j),则认为第 i 帧图像存在点 $(px_i^j,py_i^j)(i=$

$2,3,\cdots,n$)与第一帧图像匹配的相关峰值(x_1^j,y_1^j)是满足时空约束关系,记$CM_i^j=1$,如果存在着多个局部峰值点(px_i^j,py_i^j),则只取相关值得最大或最小相关峰值的点。如果在局部范围$[-\Delta,-\Delta]$中没有点与相关峰值(x_1^j,y_1^j)是满足时空约束关系的,记$CM_i^j=0$,并以局部区域中的匹配相关的最大值点代替。记录(x_1^j,y_1^j),CM_i^j及匹配一致性局部峰值点(px_i^j,py_i^j)于时空约束集合$\Omega_j(j=1,2,\cdots,m)$中。

(4)针对集合 Ω_j,设 num_j 为 Ω_j 中满足时空约束关系的点数目,即 $\mathrm{num}_j=\sum_{i=1}^{n}CM_i^j$。如果 $\mathrm{num}_j\geqslant n\times\mathrm{ratio}$（$0<\mathrm{ratio}\leqslant1$）,则认为匹配点集 Ω_j 满足时空约束条件,并计算匹配相关平均值:

$$\overline{P_j}=\frac{1}{n}\sum_{i=1}^{n}R(px_i^j,py_i^j)\ ,(px_i^j,py_i^j)\in\Omega_j \qquad(7-17)$$

取使$\overline{P_j}(j=1,2,\cdots,m)$值最大对应的匹配点集 Ω_j:$J=\max\limits_{j=1,2,\cdots,k}\overline{P_j}$为最终的正确匹配点集,点集 Ω_j 中的点为正确匹配点。如果点集 Ω_j 均不满足匹配一致性,否则以第二帧图像开始依次取 n 帧实时图像(如 $2,3,\cdots,n+1$),转(2)判断匹配一致性。

(5)计算出前 n 帧的图像匹配位置,并可以依据公式(7-1)估计出后续图像帧的匹配位置,并在各帧的估计匹配位置德局部区域中取相关值最大或最小的点为各后续图像帧的正确匹配位置,如果在计算得到的连续两帧的匹配位置均有$CM_i^j=0$,则以第 $i-m$ 帧开始转(2)重新估计匹配位置。

因此,通过上述方法,可以通过序列图像中图像帧之间的约束关系,从多帧图像匹配的相关阵的峰值来寻找正确配准点,剔除误差匹配点,实现图像的鲁棒匹配,对提高下视景象匹配的概率是可行的。

7.4　试验结果与分析

为验证时空约束序列图像匹配方法的有效性,采用图像大小为 160×120 像素的航空图像序列进行图像匹配试验,图像序列中的部分帧如图 7-4 所示。基准图像采用对应区域的 Google earth 图像,大小为 230×630 像素,允许最大误差 $\Delta=5$,$n=6$,$\mathrm{ratio}=0.6$。如图 7-5 所示,可以看出,由于实时图像与基准图像拍摄季节的不同,图像之间灰度差异特别大,甚至部分对应区域已经发生变化。

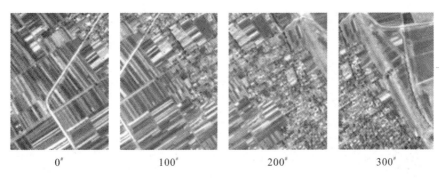

$$0^\# \qquad 100^\# \qquad 200^\# \qquad 300^\#$$

图 7-4 实测图像序列部分帧图像

考虑到拍摄实测图像质量较差,从而影响匹配结果,因此,在进行图像匹配之前,首先采用自适应灰度均衡化方法与噪声滤波对实测图像进行预处理。同时,鉴于实测图像与基准图像之间灰度差异较大,灰度相关的方法已经难以用于两者的相似性度量,本书采用 Hausdorff 距离以及第四章中采用的相位一致性特征互相关函数作为相似性度量函数来进行图像匹配定位。此外,在试验中每帧实时图与基准图相关形成相关阵后,取前 $m=10$ 个相关峰值进行时空约束判断。图像匹配结果如图 7-5、图 7-6 所示。可以看出,由于实测图像与基准图像差异较大,并且实测图像质量较差,因此,在许多单帧图像的匹配过程中,真实匹配位置往往不是匹配相关面最大或最小的位置,而可能在次大或次小的地方,所以当采用单帧图像进行匹配定位时,出现大量的错误匹配;而时空约束序列图像匹配方法不仅考虑了单帧图像匹配结果,而且考虑前后相邻图像帧中匹配点之间约束关系,也即考虑图像匹配的时空关系,从而大大提高图像匹配算法的鲁棒性,取得了较好的匹配结果。为了进一步比较时空约束序列图像匹配方法的准确程度,定义匹配偏差函数如下:

$$\text{Offset} = \frac{1}{N} \sum_{i=1}^{N} \sqrt{(x_i - tx_i)^2 + (y_i - ty_i)^2} \qquad (7-18)$$

式中,(x_i, y_i) 为匹配位置;(tx_i, ty_i) 为真实位置;N 是匹配点数。表 7.1 给出了 Hausdorff 距离、相位一致性特征互相关两种不同相似性度量函数下,单帧图像匹配结果、时空约束序列图像匹配方法结果与真实位置的偏差结果。显然,无论是采用上述哪种相似性度量函数,时空约束序列图像匹配方法的匹配结果与真实值偏差比单帧图像的匹配偏差要小。

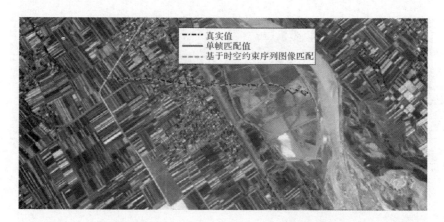

图 7-5　基准图像和基于 Hausdorff 距离的图像匹配结果

图 7-6　基准图像和基于相位一致性相关互相关的图像匹配结果

　　在运行时间方面,由于试验中采用第四章描述的方法进行匹配试验,在图像相邻帧之间的匹配消耗了大量的时间,但当惯导系统能够提供初步定位信息时,则无须通过相邻图像匹配来估计相邻或相隔帧之间的变换矩阵,从而大大减少计算量。当然,与单帧图像匹配策略相比,时空约束序列图像匹配方法计算量要略大。

表 7.1　不同方法下的匹配结果与真实的偏差对比

相似性度量函数	匹配方法	
	单帧图像匹配	时空约束序列图像匹配
相位一致性互相关	7.244 3	3.705 1
Hausdorff 距离	6.859 4	3.023 4

7.5 本章小结

为提高景象匹配算法的稳定性,本章在单帧图像匹配的基础上,利用多帧图像之间的时空约束关系并提出了一种基于时空约束的序列图像景象匹配算法。该算法引入序列图像匹配技术来计算出相邻帧和相隔帧之间的映射关系矩阵,通过映射关系矩阵将各帧图像匹配的相关曲面的局部峰值关联起来,然后联合多帧的局部峰值大小来决策正确的匹配位置,从而可以剔除大部分误匹配主峰值,进而提高匹配算法的鲁棒性。为了验证提出算法的有效性,我们用本书提出的算法在与基准图像灰度差异很大的真实航拍图像序列上进行试验,试验结果表明提出的时空约束序列图像匹配方法集合图像匹配的时空关系,从而可大幅度提高图像匹配的鲁棒性,而且本书方法采用图像拼接技术来计算相邻图像帧之间的时空约束关系,无须惯性导航系统提供前后多帧之间的约束关系,适用于惯导系统失效或误差较大的情况。当然,如果惯导系统能够提供可靠信息,可以采用文献[47]中式(11)来代替 7.2 节中步骤(2)中的式(7−1)来结合时空约束关系判断正确的配准点,而且由于不用计算图像帧之间的映射关系,匹配速度大大加快。

无人机系统研究与应用出版工程

第八章	基于关键帧与视觉地标景象 匹配的连续视觉导航算法

8.1 引　　言

目前景象匹配导航大多应用于适配区,跨越适配区和非适配区的连续景象匹配导航方法研究较少。由于适配区分布不均匀而且不连续,致使景象匹配断断续续,很大程度上限制了景象匹配的应用范围。因此,研究一种跨越适配区和非适配区的连续景象匹配导航方法,针对不同景象匹配区域设计与之相适应的快速、鲁棒、精确的景象匹配算法,是目前景象匹配导航工程化应用需要迫切解决的关键技术问题。

本章旨在利用图像关键帧和视觉地标实现连续景象匹配导航,换言之,利用机载相机检测/识别出特征明显的地面道路、河流、桥梁、标志性建筑等凸出目标(本书称之为"视觉地标"),将其所在区域作为适配区,并从适配区的实时图序列图像中计算包含丰富特征的图像帧(本书称之为"关键帧")。在此基础上,本章提出一种适合无人机平台的基于关键帧与视觉地标景象匹配的连续视觉导航(Key‑Frame and Visual Landmark Scene Matching Based Continuous Visual Navigation, KFVLSM‑CVN)算法,利用图像特征提取技术自主抽取实时图序列中包含视觉地标的关键帧,将其与基准图进行景象匹配(本书称之为"绝对景象匹配"),实现无人机绝对位置参数估计,以提高无人机定位的精确度与可靠性。在没有视觉地标的区域,将图像拼接技术[172]用于序列图像的帧间景象匹配,放弃实时图与基准图的景象匹配即"绝对景象匹配",转而采用实时图与实时图中计算的动态关键帧图像进行景象匹配(本书称之为"相对景象匹配"),实现无人机相对位置估计。

该算法旨在克服适配区分布不均匀以及非适配区图像度量特征稀少的困

难。为了减小相对景象匹配的累积误差,本章将提出帧间逆向动态定位策略和动态关键帧[172]管理机制,在不增加算法计算量的同时,降低长时间图像拼接的累积误差,同时增强对噪声干扰的鲁棒性。

8.2　视觉地标辅助定位

在视觉导航中,视觉地标是辅助无人机位置参数高精度估计的重要手段,研究高精度、鲁棒视觉地标检测与识别方法是提高定位精度的关键。

传统的无人机视觉导航技术通常需要预先知道无人机的起始坐标以及地面控制点的精确坐标,虽然这些先验信息可以提高地图绘制的精确性以及视觉导航的实时性与可靠性,然而,在实际应用中,往往需要无人机深入未知复杂环境去完成探测、监视、跟踪或攻击任务,无法预先人为设置地面控制点。因此,研究不受先验信息约束的、自主寻找视觉地标进行视觉导航误差校正的导航方法是保障复杂未知环境下无人机顺利执行任务的前提。

通过分析机载摄像机获取的图像序列即实时图,自主寻找特征明显的视觉地标,将包含视觉地标的序列帧抽取出来,并与卫星数字地图即基准图进行景象匹配,计算其大地坐标作为辅助定位的依据。

视觉地标的关键帧同样是实时图帧序列中具有明显特征、丰富纹理的图像帧,关键帧能在景象匹配算法中以较高的概率与基准图相配准。视觉地标关键帧的特征是图像中包含大于设定长度的连续几何曲线的数量。数目越多表明图像特征较多,相应的匹配点也较多。河流、桥梁、港口、道路、机场、标志性建筑物等的线特征通常比较稳定,可作为视觉地标标识的"不变特征",这些线特征越多表明实时图与基准图的信噪比较高,匹配概率较大。本章先通过图像预处理技术对原始图像进行去噪、增强、几何校正等,然后实施边缘特征提取,剔除部分杂点,保留基于区域的主边缘特征,最后通过 Hough 变换提取连续几何曲线,计算出图像中连续几何曲线的位置及数量。

本章利用 SURF 特征对子区域的梯度信息进行了整合,可以有效解决实时图与基准图在几何变换、畸变、仿射变换、视角变换、亮度变换、噪声干扰等情况下的匹配问题。一般情况下,机载摄像机获取的地面实时图,与卫星数字正射影像基准图之间存在较大差异(如尺度、旋转、光照等)。传统的模板匹配在进行图像配准前,需要基于规划航迹预测出实时图相对于基准图的航向偏差,增加了方法的复杂度,且配准误差较大。本章提出的 KFVLSM – CVN 算法能够克服图像在几何变化、光照变化、噪声干扰时仍保持一定稳定性的图像局部特征。与传统方法相比,基于不变特征的图像匹配在动态环境适应性方面、配准精度和鲁棒性方面均具有较大优势。

8.3　KFVLSM – CVN 算法原理

8.3.1　视觉地标检测与匹配

首先,构建 SURF 尺度空间,运用快速 Hessian 矩阵定位极值点,计算出实时图的 64 维 SURF 特征描述子;然后,基于 Hessian 矩阵迹完成特征点匹配;最后,使用 RANSAC 方法剔除出格点,实现位置参数的精确估计。该算法包括两个核心部分:视觉地标检测和视觉地标匹配。

一、视觉地标检测

视觉地标检测的实现步骤如下:多尺度空间构建、快速 Hessian 矩阵检测、SURF 特征描述子提取、基于 Hessian 矩阵迹的特征点匹配和基于 RANSAC 的局部参数估计。

1. 多尺度空间构建

相邻尺度差和高斯二阶导的大小有关,对 9×9 的滤波器而言,高斯二阶导的大小定为 3,其滤波器大小的 $1/3$,即 $9\times1/3=3$。当计算下一个滤波器的大小时,为了保证滤波器的中心位于像素点上,要对第一层的滤波器增加偶数像素。这样滤波器的大小就增加了 6 像素,即下一层的滤波器的大小变为 15。滤波器尺寸可用 $size=3+5s$ 公式计算。其中,s 是 σ 的倍数。

2. 快速 Hessian 矩阵检测

对于图像 I 中一个给定的点 $X=(x,y)$,Hessian 矩阵中采用近似的高斯核函数,即箱式滤波器 D_{xx},D_{xy},D_{yy},9×9 的滤波器是对高斯核函数在 $\sigma=1.2$ 处的近似。为保持计算精度,引入高斯核函数和高斯核函数的比例因子 ω,Hessian 矩阵的行列式变形为 $\det(H_{approx})=D_{xx}D_{yy}-(\omega D_{xy})^2$,试验中 ω 取常量 0.9,对位置估计精度影响较小,且可大幅降低算法复杂度。

3. SURF 特征描述子的提取

极值点的主方向计算首先以极值点为中心选取半径为 $6s$ 的圆形区域（s 即极值点所在尺度），计算哈尔小波在 x 和 y 方向上的响应值，记为 h_x，h_y。以 $\sigma = 3s$ 为加权因子对两个响应值高斯加权，记为 W_{hx}，W_{hy}。对 W_{hx}，W_{hy} 用直方图统计并将 360° 均分为 72 组，以极值点为中心的圆均分为 6 个区，统计各 60° 扇区内的 W_{hx}，W_{hy}，记为 $\sum W_{hx}$，$\sum W_{hy}$，同时计算该区的梯度值，梯度值最大区域所在的方向即为该极值点的主方向，以 $\sum W_{hx}$，$\sum W_{hy}$ 反正切计算出主方向度数。

为了提取极值点描述子，需要在极值点周围选取 20×20 像素大小的区域。首先以极值点为中心，将区域的方向旋转到极值点的方向。将这个正方形区域分成 4×4 共 16 个子区域，每个子区域里有（$20/4 = 5$）5×5 的像素。这里之所以选择 4×4 大小的子区域，在于每一个子区域分别计算每个像素点在哈尔小波 x 和 y 方向上的响应值。

计算完所有的像素的响应值后，对所有的 $\mathrm{d}x$，$\mathrm{d}y$，以极值点为中心进行高斯加权（$\sigma = 3.35$），分别记为 $\mathrm{d}x$，$\mathrm{d}y$，然后求和，记为 $\sum \mathrm{d}x$，$\sum \mathrm{d}y$。并对 $\mathrm{d}x$，$\mathrm{d}y$ 绝对值求和，记为 $\sum |\mathrm{d}x|$，$\sum |\mathrm{d}y|$，均存入特征向量并归一化，使得描述子具有光照、尺度不变性，这样就形成了一个四维的向量：$v = \left[\sum \mathrm{d}x \quad \sum \mathrm{d}y \quad \sum |\mathrm{d}x| \quad \sum |\mathrm{d}y| \right]$。对 16 个子区域分别求特征向量，形成一个 $16 \times 4 = 64$ 维的特征向量，利用该方法可对实时图和基准图进行 SURF 特征点提取。

二、视觉地标匹配

视觉地标匹配实现过程包括基于 Hessian 矩阵迹的特征点匹配和基于 RANSAC 的局部参数估计两个过程。

1. 基于 Hessian 矩阵迹的特征点匹配

利用 Hessian 矩阵迹的符号进行特征匹配。在 Hessian 矩阵迹计算完毕之后，对 Hessian 矩阵主对角线之和，即 $\mathrm{trace}(i) = \sum (\mathrm{d}x + \mathrm{d}y)$。其中，$\mathrm{d}x$，$\mathrm{d}y$ 仍然是积分图像滤波器的 x 和 y 方向上的响应值。在进行相似性度量的时候，

无人机系统研究与应用出版工程

首先判断 Hessian 矩阵的迹的符号,如果 $\mathrm{trace}(i)$ 是大于 0 的数,令描述子等于 1,反之,令描述子等于 -1。

若两个描述子的 $\mathrm{trace}(i)$ 相同,可继续比较;反之,后面的描述子则不需要再比较。比较时须先分别计算实时图描述子 $\mathrm{discriptor}_{\mathrm{sensed}}$ 和基准图描述子 $\mathrm{discriptor}_{\mathrm{ref}}$ 的欧氏距离,即 $\mathrm{dist} = \sum_{i=0}^{64} (\mathrm{discriptor}_{\mathrm{sensed}} - \mathrm{discriptor}_{\mathrm{ref}})^2$,计算最近邻匹配点 $\mathrm{dist}_{\mathrm{f}}$ 和次近邻匹配点 $\mathrm{dist}_{\mathrm{s}}$,若 $\mathrm{dist}_{\mathrm{s}}/\mathrm{dist}_{\mathrm{f}} \leqslant 1$,则二者匹配。

2. 基于 RANSAC 的局部参数估计算法

基于 RANSAC 的局部参数估计算法流程见 7.2 节。

本章用 RANSAC 算法求解基准图与实时图之间的变换参数。基于 RANSAC 的局部参数估计完成后,剔除外点后,解算出符合匹配要求的内点,即可得到实时图基于 RANSAC 估计参数的变换结果以及实时图中心在基准图上的定位结果。

8.3.2　动态关键帧提取与更新

关键帧[192-193] 是一种被广泛应用于视频分析与检索领域的技术,可以减少视频数据流在内容上的冗余度,是视频内容结构化过程中的关键步骤,与视频分析和视频检索中抽取关键帧的方式类似。包含视觉地标的关键帧同样是实时图帧序列中具有明显特征、丰富纹理的图像帧,关键帧能在景象匹配算法中以较高的概率与基准图相配准。同时,由于关键帧与实时图均为无人机平台在同一传感器、同一成像条件、同一时间段获取的图像,从而使得基于关键帧的帧间景象匹配存在如下独特优势:实时图与关键帧之间无成像条件差异;实时图与关键帧均有相同的噪声分布。

通过边缘特征提取、Hough 变换、曲线分割等方法,提取实时图中鲁棒的线特征。只要实时图中包含两个或两个以上连续的线特征,即可认为该实时图中包含自然地标,该帧实时图就可选取为"关键帧"。然后,利用本书之后介绍的相对图像配准即帧间景象匹配算法对无人机进行定位,为了提高鲁棒性可采用最优估计方法[194] 对无人机的位置参数进行预测与更新。图 8-1 显示了符合选取要求的关键帧。

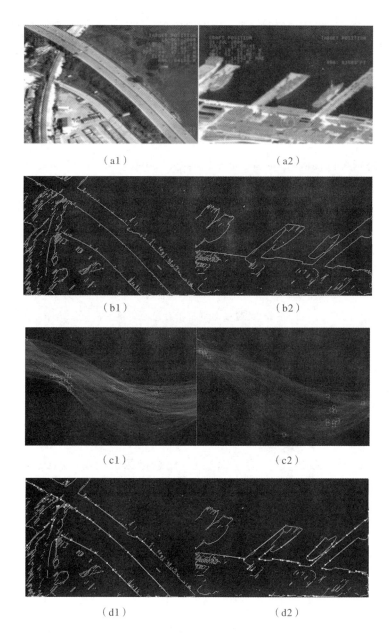

图 8-1　关键帧的选取过程

(a1)道路原图;(a2)港口原图;(b1)道路边缘特征图;(b2)港口边缘特征图;

(c1)道路 Hough 变换图;(c2)港口 Hough 变换图;(d1)道路曲线分割图;(d2)港口曲线分割图

假设选择实时图像序列的第一帧为关键帧,用 $H_{i,j}$ 表示从第 j 帧到第 i 帧的局部映射模型($i<j$),随着 i,j 的增加,关键帧的标号不断更新,关键帧的内容也随之变化,此过程为"动态关键帧"更新过程。如图 8-2 所示,采用动态关键帧策略后,从第 k 帧到该关键帧的映射关系 $M(k)$ 如下:

$$M(k)=M(m^s) \cdot H_{m^s,k}=M(m^{s-1}) \cdot H_{m^{s-1},m^s} \cdot H_{m^s,k}=H_{1,m^1} H_{m^1,m^2} \cdots H_{m^s,k}$$

$$(8-1)$$

式中,m^i 表示关键帧的标号,$1<m^i<k,i=1,2,\cdots,s$。

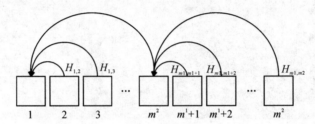

图 8-2　关键帧与当前帧之间的变换关系

8.3.3　帧间逆向动态位置估计

一、单应变换矩阵模型

本章采用的单应变换(homography)是一种常见的视频帧间模型[195],主要适用于以下 3 种情形:①空间为平面场景,任意摄像机运动;②任意空间场景,摄像机旋转或放缩运动;③远距离场景拍摄,即景深远小于场景到摄像机的距离(如航拍或卫星成像等)。其中,情形③为近似满足。单应变换的帧间关系为

$$\begin{bmatrix} x' \\ y' \\ z' \end{bmatrix} = \boldsymbol{H} \begin{bmatrix} x \\ y \\ z \end{bmatrix}, \quad \boldsymbol{H} = \begin{bmatrix} h_{11} & h_{12} & h_{13} \\ h_{21} & h_{22} & h_{23} \\ h_{31} & h_{32} & h_{33} \end{bmatrix} \qquad (8-2)$$

式中,$[x\ y\ z]^{\mathrm{T}}$ 为齐次坐标,对应的非齐次坐标为 $[x/z\quad y/z]^{\mathrm{T}}$。显然二者在相差一个尺度因子的意义下等价,所以 $\boldsymbol{H}$ 矩阵实际上只有 8 个自由度。不妨设 $h_{33}=1$,其等价的非齐次关系为

$$x'=\frac{h_{11}x+h_{12}y+h_{13}}{h_{31}x+h_{32}y+1} \qquad (8-3)$$

$$y' = \frac{h_{21}x + h_{22}y + h_{23}}{h_{31}x + h_{32}y + 1} \qquad (8-4)$$

1. 相邻图像帧间单应变换矩阵估计

考虑视频图像序列的特点,由于相邻图像帧能够很好地满足光流约束,此处采用类似文献[196-197]的基于模型的等级估计法进行单应变换矩阵估计。该方法具有以下优点[197]:①无须进行费时的特征点匹配;②达到亚像素级精度;③以由粗至精的等级策略处理大位移矢量,提高收敛速度且避免陷入局部极小值。其具体原理描述如下。

假设 $I(x,y,t)$ 和 $I(x,y,t+1)$ 为相邻两帧,且 $I(x,y,t) = I(x+u, y+v, t+1)$,光流方程为 $I_x u + I_y v + I_t = 0$,其中,I_x,I_y 为图像光强的空间导数;$I_t = I(x,y,t+1) - I(x,y,t)$ 为时间导数;u,v 为光流(或位移)。构造误差函数:

$$E(u,v) = \sum_{(x,y) \in \Omega} (I_x u + I_y v + I_t)^2 \qquad (8-5)$$

其中,Ω 为图像区域。所谓直接法就是估计 u,v 使 $E(u,v)$ 达到最小。因为帧间模型为单应变换,所以有

$$u = \frac{h_{11}x + h_{12}y + h_{13}}{h_{31}x + h_{32}y + 1} - x \qquad (8-6)$$

$$v = \frac{h_{21}x + h_{22}y + h_{23}}{h_{31}x + h_{32}y + 1} - y \qquad (8-7)$$

则误差函数为

$$E(\boldsymbol{h}) = \sum_{(x,y) \in \Omega} \left[I_x \left(\frac{h_{11}x + h_{12}y + h_{13}}{h_{31}x + h_{32}y + 1} - x \right) + I_y \left(\frac{h_{21}x + h_{22}y + h_{23}}{h_{31}x + h_{32}y + 1} - y \right) + I_t \right]^2$$

$$(8-8)$$

式中

$$\boldsymbol{h} = [h_{11} \ h_{12} \ h_{13} \ h_{21} \ h_{22} \ h_{23} \ h_{31} \ h_{32}]^T \qquad (8-9)$$

采用基于由粗至精等级策略的 Gaussian-Newton 方法迭代求解上述最小值,假设当前的 $\boldsymbol{h}$ 估计值为 $\hat{\boldsymbol{h}}$,下面估计校正值 $\delta\boldsymbol{h}$。为避免 $E(\boldsymbol{h})$ 非线性,将其修改为

$$E_1(\boldsymbol{h}) = \sum_{(x,y) \in \Omega} \left\{ \frac{h_{31}x + h_{32}y + 1}{\hat{h}_{31}x + \hat{h}_{32}y + 1} \times \left[I_x \left(\frac{h_{11}x + h_{12}y + h_{13}}{h_{31}x + h_{32}y + 1} - x \right) + I_y \left(\frac{h_{21}x + h_{22}y + h_{23}}{h_{31}x + h_{32}y + 1} - y \right) + I_t \right] \right\}^2$$

无人机系统研究与应用出版工程

$$= \sum_{(x,y)\in\Omega}\left\{\frac{1}{\hat{h}_{31}x+\hat{h}_{32}y+1}\times[I_x[h_{11}x+h_{12}y+h_{13}-x(h_{31}x+h_{32}y+1)]+\right.$$

$$\left. I_y[h_{21}x+h_{22}y+h_{23}-y(h_{31}x+h_{32}y+1)]+I_t(h_{31}x+h_{32}y+1)]\right\}^2$$

$$= \sum_{(x,y)\in\Omega}\left\{\frac{1}{\hat{h}_{31}x+\hat{h}_{32}y+1}[\boldsymbol{Ch}+b]\right\}^2 \tag{8-10}$$

式中

$$\boldsymbol{C}=[xI_x,yI_x,I_x,xI_y,yI_y,I_y,xI_t-x^2I_x-xyI_y,yI_t-xyI_x-y^2I_y]$$

$$b=I_t-xI_x-yI_y$$

将 $\boldsymbol{h}=\boldsymbol{h}+\delta\boldsymbol{h}$ 代入 $E_1(\boldsymbol{h})$,上述问题变为求解 $\delta\boldsymbol{h}$ 使下式达到最小,则

$$E_1(\delta\boldsymbol{h})=\sum_{(x,y)\in\Omega}\left\{\Delta I+\frac{1}{\hat{h}_{31}x+\hat{h}_{32}y+1}\boldsymbol{C}\delta\boldsymbol{h}\right\}^2 \tag{8-11}$$

式中

$$\Delta I=I(x+\hat{u},y+\hat{v},t+1)-I(x,y,t)$$

$$\hat{u}=\hat{u}(x,y,\hat{h})$$

$$\hat{v}=\hat{v}(x,y,\hat{h})$$

令 $E_1(\delta\boldsymbol{h})$ 关于 $\delta\boldsymbol{h}$ 的导数为 0,得

$$\left[\sum_{(x,y)\in\Omega}\left(\frac{1}{\hat{h}_{31}x+\hat{h}_{32}y+1}\right)^2\boldsymbol{C}^T\boldsymbol{C}\right]\delta\boldsymbol{h}=-\sum_{(x,y)\in\Omega}\frac{1}{\hat{h}_{31}x+\hat{h}_{32}y+1}\boldsymbol{C}^T\Delta I$$

$$\tag{8-12}$$

将此迭代法结合由粗至精多分辨率等级策略通过基于模型的帧间单应变换矩阵等级估计法实现,其具体步骤如下:

(1)对相邻图像帧 $I(t)$ 和 $I(t+1)$ 分别构建多分辨率等级层,由粗至精依次为 $l=L,L-1,\cdots,0$,设置初始值 $\hat{h}=h_0$。

(2)对每一等级层,$l=L,L-1,\cdots,0$。

1)运用当前估计参数 $\hat{h}$ 将 $I(t+1)$ 单应变换为 $\hat{I}(t)$,记为 $\hat{I}(t)=\text{warp}[I(t+1),\hat{h}]$,同时计算 $\Delta I=\hat{I}(t)-I(t)$;

2)求解方程得 $\delta\boldsymbol{h}$,修正 $\boldsymbol{h}$,即 $\boldsymbol{h}=\boldsymbol{h}+\delta\boldsymbol{h}$;

3)重复 1),2),直至 $\|\delta\boldsymbol{h}\|<\varepsilon$,或达到指定迭代步数。

(3)传递参数 h 到上一等级层 $l-1$,重复步骤(2)直到最高层 $l=0$,最后得 $h=\hat{h}$。

2. 非相邻图像帧间单应变换矩阵估计

由于非相邻图像帧间的运动模型不太满足光流限制,相邻图像帧间的单应变换矩阵估计并不适用于非相邻图像帧。将采用下述策略进行非相邻图像帧间的单应变换矩阵估计。

不妨设第 t 帧为参考帧,第 k 帧为目标帧。首先,运用单应变换矩阵的可逆性和级联性,得到初始估值:当 $k>t$ 时,$\hat{H}_{k,t}=\hat{H}_{k,k-1}\hat{H}_{k-1,t}$;当 $k<t$ 时,$\hat{H}_{k,t}=\hat{H}_{k,k+1}\hat{H}_{k+1,t}$,其中,$\hat{H}_{i,j}$ 为当前第 j 帧到第 i 帧单应矩阵的最好估值,且有 $\hat{H}_{j,i}=\hat{H}_{i,j}^{-1}$。其次,由于估计出的单应变换矩阵级联可能导致误差累积,此处采用带指导的基于 RANSAC 的特征匹配方法进行改进迭代。RANSAC[190] 是一种基于假设检验策略的估计方法,广泛应用于存在许多数据出格点的模型的可靠拟合。基于 RANSAC 特征匹配的帧间单应变换矩阵估计具体步骤如下:

(1)运用特征提取算法(如 Harris 算法[141])在参考帧和目标帧中提取特征点。

(2)对参考帧中的特征点,以当前 H 估计值确定相应的搜索区域,并运用某种相似性原则计算匹配特征点对。

(3)运用 RANSAC 鲁棒估计方法得到最大的一致点集和 H 矩阵的估计。

1)随机抽取 $n\geq4$ 个匹配点对(因为估计 H 至少需要 4 对数据点),估计参数 H;

2)对步骤(2)中的每一个匹配点对,计算参数 H 的拟合误差;

3)设定一个门限值 th,若拟合误差小于此门限值,则此数据点对为一致点(或内点),否则为出格点(或外点),并统计一致点数目;

4)重复 1)~3),直至所有的一致点集中至少包含一个有效表征集的概率大于一定数值 p;

5)选择具有最大一致点集的 H。

(4)重复步骤(2)和步骤(3),直至 $\|\delta h\|<\varepsilon$。

上述算法中的计算主要集中在步骤(2)中的特征点匹配搜索[195]。由于当前估值 H 已达到一定的亚像素级精度,可以用来指导确定搜索区域。假设 P 为参考帧中某特征点,则目标帧中的搜索区域可确定为以 $P'=H(P)$ 为中心的矩形邻域，这里,$H(P)$ 为对点 P 进行单应变换矩阵为 H 的单应变换。因为带有指导性　　搜索区域可以适当变小,一般选为 5×5 或 3×3,这样可大大减少搜索时间,提高计算速度。步骤(2)中的相似性原则可以采用规整化的邻域相关方法[191]。步骤(3)的 1)中参数 H 的估计方法可以采用基于 SVD 分解的

无人机系统研究与应用出版工程

方法。步骤(3)的2)中的拟合误差函数可为 $d[P',\boldsymbol{H}(P)]+d[P,\boldsymbol{H}^{-1}(P')]$,其中 d 为某种距离函数,本章采用典型的 Euclid 距离。当所有匹配点的齐次坐标归一化处理成为均值是 $[0\ 0\ 1]^{\mathrm{T}}$ 且方差是 $[1\ 1\ 0]^{\mathrm{T}}$ 时,门限值 th 取为 0.001~0.01[181]。

3. 帧间变换模型

对于相邻的关键帧,可以直接采用上述相邻图像帧间单应变换估计,对于非相邻的关键帧,可以利用单应变换矩阵的级联性质,得到非相邻关键帧之间的单应变换矩阵。

假设第 k 帧、第 h 帧为非相邻的关键帧,以第 k 帧作为参考帧,第 h 帧为目标帧,利用单应变换矩阵的级联性质,可以得到两非相邻关键帧的单应变换矩阵:

$$\boldsymbol{H}_{k,h}=\boldsymbol{H}_{h,t}\boldsymbol{H}_{t,n}\cdots\boldsymbol{H}_{m,l}\boldsymbol{H}_{l,k} \qquad (8-13)$$

式中,$\boldsymbol{H}_{h,t},\boldsymbol{H}_{t,n},\cdots,\boldsymbol{H}_{m,l},\boldsymbol{H}_{l,k}$ 分别是第 k 帧、第 h 帧之间的相邻关键帧的单应变换矩阵,如图 8-3 所示。

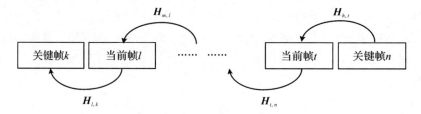

图 8-3 单应变换矩阵的级联示意图

在关键帧选取效果不好的情况下,非相邻关键帧数量比较多,容易造成匹配误差增大。为了进一步减少关键帧的数量,减小单应矩阵级联时造成的误差,通过如下比较进行运算,进一步提取关键帧,从而完成关键帧的选取判定。具体步骤:

(1)设定第 k 帧、第 h 帧为非相邻的关键帧,直接计算两关键帧单应矩阵 $\boldsymbol{H}_{k,h}$;

(2)将单应矩阵级联方法和直接计算单应矩阵方法计算出来的结果进行比较,比较 $h_0,h_1,h_2,h_3,h_4,h_5,h_6,h_7$ 值的误差大小,只要有一项数值超过预定的经验阈值,则认为第 h 帧的前一项关键帧是须保留的,第 k 帧和第 h 帧前一项关键帧作为保留关键帧,两者之间的其他关键帧可以省略。

二、帧间逆向动态位置估计

在景象匹配过程中,动态关键帧随着实时图序列的增加而不断更新。图 8-4 所示为景象匹配过程中关键帧与当前帧之间的分组与循环关系。H 表示组内当前帧与关键帧之间的局部映射模型,H_g 表示相邻组间关键帧之间的局部映射模型,T 表示组内关键帧与当前帧之间的坐标变换模型,T_g 表示相邻组间关键帧之间的坐标变换模型。至此,本章的非适配区帧间景象匹配形成了以动态关键帧为核心的组内与组间的循环景象匹配过程。

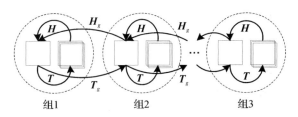

图 8-4 以动态关键帧为核心的帧间景象

假设某一动态关键帧在基准图上的定位坐标为 $P(x,y)$,其中,心坐标为 $P_0(x_0,y_0)$,若当前帧 m 与该动态关键帧进行"相对"景象匹配后的定位坐标为 $P_m(x_m,y_m)$,则当前帧在动态关键帧坐标系下的位移为 $\Delta p_m(\Delta x_m,\Delta y_m)$,其中

$$\Delta x_m = x_0 - x_m, \quad \Delta y_m = y_0 - y_m \tag{8-14}$$

设当前帧 m 在基准图坐标系下的定位坐标为 $P'_m(x'_m,y'_m)$,则其计算公式为

$$x'_m = x_0 + \Delta x_m, \quad y'_m = y_0 + \Delta y_m \tag{8-15}$$

本章的景象匹配算法基于边缘测度加权的 Hausdorff 距离相似性度量,能够在图像有一定尺度、旋转情况下,稳定、准确地获得两幅图像间的匹配关系[193]。因此,基于动态关键帧的非适配区帧间景象匹配可以对当前帧与动态关键帧进行分组、连续景象匹配:一方面,同一组内的所有实时图帧直接与本组对应的动态关键帧相匹配,消除了组内的累积误差,提高"相对"景象匹配的实时性与精确性;另一方面,当组内某一帧发生运动模糊时,并不影响后续帧的正确映射,因此可增强"相对"景象匹配算法在复杂条件下的鲁棒性。

针对中高空无人机飞行过程中俯仰角、滚转角、偏航角变化在 $5°\sim15°$ 之间的情况(包括平飞与转弯),使得视觉传感器不正对地面等情况,本章采用帧间逆向动态定位策略提高景象匹配导航方法的可靠性和适应性。

假设在第 m 帧图像中虚线区域中心的坐标为(x,y),若平稳飞行(俯仰角、滚转角、偏航角均无变化),如图 8-5 所示,实线区域中心在第 $m+1$ 帧图像中心坐标为(x_1,y_1),位移$\Delta x=\text{width}/2-x_1$,$\Delta y=0$,则第 $m+1$ 帧中心的定位坐标为$(x+\Delta x,y)$。

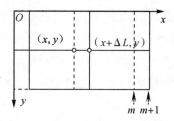

图 8-5 姿态角均无变化帧间坐标位移量

1. 俯仰角动态变化情况

若俯仰角动态变化,如图 8-6 所示,实线区域中心在第 $m+1$ 帧图像中的坐标为(x_1,y_1),位移$\Delta x=\text{width}/2-x_1$,$\Delta y=0$,则第 $m+1$ 帧中心的定位坐标为$(x+\Delta x-\Delta L,y)$。

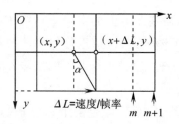

图 8-6 俯仰角变化时帧间坐标位移量

2. 滚转角动态变化情况

若滚转角动态变化,如图 8-7 所示,实线区域中心在第 $m+1$ 帧图像中的坐标为(x_1,y_1),位移$\Delta x=\text{width}/2-x_1$,$\Delta y=\text{High}/2-y_1$,则第 $m+1$ 帧中心的定位坐标为$(x+\Delta x,y+\Delta y)$。

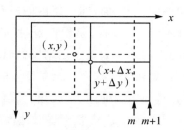

图 8-7 滚转角变化时帧间坐标位移量

3. 偏航角动态变化情况

若偏航角动态变化,如图 8-8 所示,实线区域中心在第 $m+1$ 帧图像中的坐标为 (x_1, y_1),位移 $\Delta x = \text{width}/2 - x_1$,$\Delta y = \text{High} - y_1$,则第 $m+1$ 帧中心的定位坐标为 $(x + \Delta x, y + \Delta y)$。

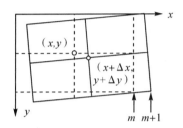

图 8-8　偏航角变化时帧间坐标位移量

三、算法性能测试

1. 算法的旋转鲁棒性测试

当旋转角度小于 5°时,导航精度小于 1 像素;当旋转角度增大不超过 14.8°时,导航精度小于 2 像素;当旋转角度增大超过 14.8°时,导航精度很快下降,测试结果如图 8-9 所示,可以看出景象匹配导航精度随着实时图旋转角度的增加逐渐降低。

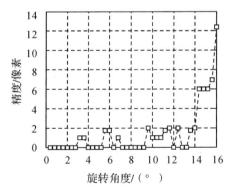

图 8-9　导航精度与实时图旋转角度之间的关系

2. 算法的尺度鲁棒性测试

景象匹配导航精度随着实时图尺度的增加逐渐降低。当尺度增加为小于

1.1 倍时,导航精度小于 2 个像素;当尺度增加为大于 1.1 倍时,导航精度很快下降。同样,景象匹配导航精度随着实时图尺度增加的减小逐渐降低。当尺度减小为大于 0.9 倍时,导航精度小于 1.5 个像素;当尺度减小为小于 0.9 倍时,导航精度快速下降,测试结果如 8-10 所示。

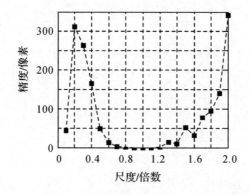

图 8-10　导航精度与实时图尺度变化的关系

3. 算法的遮挡鲁棒性测试

当遮挡面积增大为实时图总面积的 2.08% 时(即 40×40 像素),导航精度不变(即误差为零);当遮挡面积增大为不超过实时图总面积的 22.01% 时(即 150×150 像素),导航误差小于 2 像素;当遮挡面积增大为不超过实时图总面积的 29.3% 时,导航误差小于 5 像素;导航误差很快增大,测试结果如图 8-11 所示,可以看出景象匹配导航精度随着实时图尺度遮挡面积的增加逐渐降低。

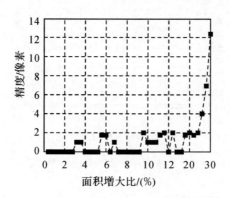

图 8-11　导航精度与实时图遮挡面积的关系

算法的鲁棒性测试结果表明在满足配准精度小于 2 像素的条件下,实时图尺度、旋转、遮挡的极限为 0.85 倍<尺度缩放容限<1.18 倍;旋转角度容限<14.8°;遮挡面积容限<22.01％。

8.4　试验结果及讨论

试验数据采用 5.4 节的"测试序列Ⅰ"。试验环境采用第五章的"测试环境Ⅰ"。为了验证本章提出的 KFVLSM‑CVN 算法的有效性,采用基于边缘响应加权 Hausdorff 距离[183] 作为相似性度量的依据,对可见光图像进行单帧帧间景象匹配。试验中通过计算图像特征,自主抽取包含视觉地标的关键帧并与基准图实施景象匹配,且关键帧依据视觉地标关键帧的选取规则动态更新;关键帧与实时图序列帧之间每隔 4 帧实施帧间景象匹配方法配准一次,实时计算出实时图帧相对于关键帧的"相对"定位坐标,并以当前关键帧与基准图的配准坐标为依据,解算出每一帧实时图在基准图上的"绝对"定位坐标。

本实时图序列在基准图上的定位试验数据统计结果见表 8.1。由于篇幅所限,只列出部分实时图序列帧,表中将实时图序列帧简称为当前帧。从中可以看出,由于抽取了包含视觉地标的实时图像作为关键帧,而后利用帧间的强相关性进行帧间景象匹配;同时,验证了动态关键帧机制,大幅度降低长时间帧间景象匹配的累积误差,景象匹配所需要的时间远远少于实时图与基准图之间景象匹配所需要的时间,大大提高了景象匹配的实时性。

表 8.1　CCD 实时图序列在基准图上的定位数据统计结果

（单位：像素）

地　标	帧类型	帧　数	绝对位置	配准耗时/s	相对位置	配准误差
	关键帧	380#	60，80			
地标 1# 机场	当前帧	384#	62，80	0.016 557 94	2，0	0，0
		388#	64，80	0.016 482 32	4，2	0，1
		392#	66，80	0.016 115 32	4，0	0，0
		396#	68，82	0.016 376 38	8，0	0，0
		……				

无人机系统研究与应用出版工程

续表

地标	帧类型	帧数	绝对位置	配准耗时/s	相对位置	配准误差
地标 2# 公路	关键帧	1 200#	470, 80			
	当前帧	1 204#	472, 80	0.017 137 08	2, 0	0, 0
		1 208#	474, 80	0.016 310 98	4, 0	0, 0
		1 212#	476, 80	0.016 291 16	6, 0	0, 0
		1 216#	478, 80	0.016 293 85	8, 0	0, 0
				……		
地标 3# 河流	关键帧	3 120#	1 430, 80			
	当前帧	3 124#	1 432, 80	0.016 732 01	2, 0	0, 0
		3 128#	1 434, 80	0.016 211 91	4, 0	0, 0
		3 132#	1 436, 80	0.016 241 86	6, 1	0, 1
		3 136#	68, 80	0.016 463 19	8, 0	0, 0
				……		
地标 4# 桥梁	关键帧	4 040#	1 890, 80			
	当前帧	4 044#	1 892, 80	0.016 832 08	2, 0	0, 0
		4 048#	1 894, 80	0.016 511 92	4, 0	0, 0
		4 052#	1 896, 80	0.016 844 88	6, 0	0, 0
		4 056#	1 898, 80	0.016 463 54	8, 0	0, 0
				……		
地标 5# 公路	关键帧	7 660#	3 700, 80			
	当前帧	7 664#	3 702, 80	0.017 032 06	2, 0	0, 0
		7 668#	3 704, 80	0.016 811 92	4, 0	0, 0
		7 672#	3 706, 80	0.016 643 83	6, 0	0, 0
		7 676#	3 708, 80	0.016 375 19	8, 0	0, 0
				……		

这里,把包含视觉地标的区域称为"适配区";反之,称为"非适配区"。针对上述试验数据,利用 KFVLSM - CVN 算法对完整航路含有 90% 以上非适配区的情况进行了定位试验,试验结果如图 8 - 12 所示。

图 8 - 12 完整航路含有90％以上非适配区实时定位试验结果（椭圆区域是适配区）

该试验区域覆盖公路、农田、建筑、河流及山川，通过地面试验验证系统对上述数据的测试表明，在飞行高度小范围动态变化、短时云层遮挡情况下，连续视觉导航试验的平均匹配速度（≥10 fps）、平均匹配精度（≤2 像素）等指标满足无人机景象匹配导航的基本要求。初步验证了本章提出的跨越适配区和非适配区的连续景象匹配导航算法——KFVLSM - CVN 算法拓展了景象匹配导航的应用范围，满足复杂环境下无人机连续视觉导航的精确性和实时性要求。

8.5　本章小结

本章提出了一种适合无人机平台的基于关键帧与视觉地标景象匹配的连续视觉导航算法——KFVLSM - CVN 算法。首先，通过分析机载摄像机获取的实时图序列，搜索并描述特征明显的自然地标；然后，将包含自然地标的关键帧抽取出来与卫星基准图进行景象匹配，实现了无人机绝对位置参数估计；最后，利用实时图的帧间相关性，将实时图当前帧与动态计算的关键帧图像进行景象匹配，通过相关坐标变换实现无人机相对位置估计，进而实现了当前帧在基准图上的精确定位。试验结果表明，提出的 KFVLSM - CVN 算法拓展了传统景象匹配的使用范围，满足复杂环境下无人机连续视觉导航精度要求，可作为卫星导航系统故障或失效情况下的最优备份导航技术。

第九章	基于 EKF 的 SLAM/景象 匹配连续视觉导航算法

9.1 引　言

本章进一步研究跨越适配区和非适配区的连续景象匹配导航算法,试图解决复杂环境下的连续景象匹配导航问题。考虑基于同步定位与构图[198-199](Simultaneous Localization And Mapping,SLAM)算法实现复杂环境下的无人机连续景象匹配视觉导航,即在没有先验知识的情况下创建环境地图,并通过该地图进行自主定位。

近年来,SLAM 技术在陆地机器人领域发展迅速且成果斐然[200-202]。但是,当需要进行空中救援或执行某些危险的高空探索时,陆地机器人由于受活动范围、移动速度慢等局限,许多任务将无法完成。因此,无人机视觉 SLAM 导航技术逐渐受到了国内外学者的广泛关注[198,203-204]。文献[205]提出的基于特征的初始化方法使得 SLAM 算法在 EKF 的统计学框架下具有可靠性和一致性,可将延迟获取的量测信息用于状态更新。文献[206]提出了基于 Rao - Blackwellised 粒子滤波的 FastSLAM 算法,利用对复杂环境视觉地标的量测值,基于粒子滤波算法给出短时一致优化结果。但是,随着视觉地标的增加,加速了粒子的退化,导致 FastSLAM 在长时间计算过程中,不能实现对随机噪声的一致性滤波。文献[207]提出了在结构化室外环境中的无人机视觉 SLAM 算法,通过地面兴趣点特征提取、特征匹配、位置标定及尺度因子变换,能够在无人机飞行过程中准确定位,但是,随着飞行距离的延长,定位误差也不断增大。综上所述,单纯的 SLAM 算法可以使无人机在复杂未知环境或结构化环境中实现自主导航,然而,随着飞行距离的延长,其累积误差增大,难以持久精确定位与导航。

　　由于无人机平台的特殊性,其视觉 SLAM 导航有下述 4 个特点:

　　(1)低可观测性。无人机高速运动时视觉传感器获取的图像信噪比较低,特征提取较困难。

　　(2)强机动性。无人机强机动性会影响视觉传感器对视觉地标观测的时间和观测误差。

　　(3)弱可重复观测性。无人机的强机动性使得对自然视觉地标难以重复观测,导致定位误差增大。

　　(4)非线性。滤波器面临无人机的非线性惯性模型和非线性观测模型所带来的挑战,并要防止滤波器的非一致性和发散问题。

　　在视觉导航中,视觉地标是辅助无人机位置参数高精度估计的重要手段,研究高精度、鲁棒视觉地标检测与识别方法是提高定位精度的关键。为了克服单纯 SLAM 算法在长距离导航中的累积误差增大问题,结合无人机平台的特殊性,本章采用第八章的视觉地标景象匹配算法,精确提取视觉地标位置,利用 SLAM 导航的优势,提出基于 EKF 的 SLAM/景象匹配连续视觉导航(Simultaneously Localization And Mapping/Scene Matching Continuous Visual Navigation,SLAM/SM－CVN)算法,试图寻找无人机连续视觉导航问题的解决方法,本章最后以仿真试验对该算法进行有效性验证。

9.2　算法思路及框图

　　首先,采用第八章提出的基于动态关键帧的视觉地标景象匹配算法,独立地从实时图中检测出视觉地标特征,与预先准备的基准图视觉地标特征库进行视觉地标景象匹配计算,作为视觉 SLAM 算法的状态初始化参数。在视觉 SLAM 算法运行过程中,通过不断获取实时图特征以及视觉地标量测,实现对无人机运动状态的预测、估计与更新。图 9－1 给出本章匹配算法流程图,处理过程包括在线/离线特征检测、视觉地标特征匹配、状态初始化、状态预测、状态估计、数据关联和状态更新等 7 个步骤。

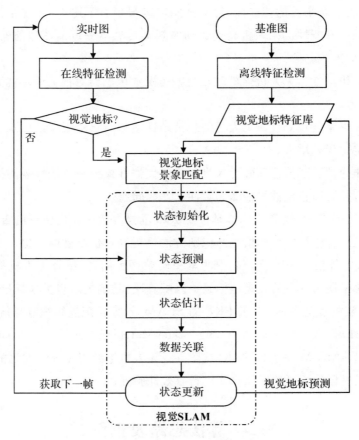

图 9 - 1　SLAM/SM - CVN 算法思路框图

9.3　SLAM/ SM - CVN 算法原理

　　本章提出的 SLAM/SM - CVN 算法其数学形式基于 EKF 估计过程。在给出无人机运动模型和无人机与视觉地标之间的非线性观测模型后,通过 SLAM 算法来估计无人机在地图结构中的位置和速度。无人机状态及其协方差都通过控制输入来估计。当观测到一个视觉地标时,数据更新过程将检查该视觉地标是否已观测过,若已观测过,则将更新其状态和协方差;若为新视觉地标,则将对滤波器状态进行增广。

9.3.1　视觉地标的景象匹配

具体实现步骤参见本书 8.3.1 小节视觉地标检测与匹配。

9.3.2　基于景象匹配的 EKF - SLAM 算法

在 SLAM 系统中,状态向量定义为无人机运动状态和地图状态的增广矩阵:

$$\boldsymbol{x}(k) = \begin{bmatrix} \boldsymbol{x}_v(k) & \boldsymbol{x}_m(k) \end{bmatrix}^{\mathrm{T}} \qquad (9-1)$$

无人机的运动状态 $\boldsymbol{x}_v(k)$ 包括位置、速度和姿态共 9 个状态:

$$\boldsymbol{x}_v(k) = \begin{bmatrix} \boldsymbol{p}^n(k) & \boldsymbol{v}^n(k) & \boldsymbol{\psi}^n(k) \end{bmatrix}^{\mathrm{T}} \qquad (9-2)$$

其中,$\boldsymbol{p}^n(k)$ 和 $\boldsymbol{v}^n(k)$ 分别表示位置和速度;$\boldsymbol{\psi}^n$ 表示欧拉角,包括滚转角(ϕ)、俯仰角(θ)和偏航角(ψ)。

地图状态 $\boldsymbol{x}_m(k)$ 由三维视觉地标位置组成,分别由 $\begin{bmatrix} x & y & z \end{bmatrix}^{\mathrm{T}}$ 表示,若用 N 表示滤波器中已有视觉地标数目,则 k 时刻无人机在飞行过程中新视觉地标的量测状态可表示为

$$\boldsymbol{x}_m(k) = \begin{bmatrix} \boldsymbol{x}_{m1}^{n\mathrm{T}}(k) & \boldsymbol{x}_{m2}^{n\mathrm{T}}(k) & \cdots & \boldsymbol{x}_{mN}^{n\mathrm{T}}(k) \end{bmatrix}^{\mathrm{T}} \qquad (9-3)$$

因此,状态估计向量及其协方差矩阵可表示为

$$\boldsymbol{x}(k\,|\,k) = \begin{bmatrix} \boldsymbol{x}_v(k\,|\,k) \\ \boldsymbol{x}_m(k\,|\,k) \end{bmatrix} \qquad (9-4)$$

$$\boldsymbol{P}(k\,|\,k) = \begin{bmatrix} \boldsymbol{P}_{vv}(k\,|\,k) & \boldsymbol{P}_{vm}(k\,|\,k) \\ \boldsymbol{P}_{mv}(k\,|\,k) & \boldsymbol{P}_{mm}(k\,|\,k) \end{bmatrix} \qquad (9-5)$$

一、非线性状态模型

无人机和地图的非线性状态模型可以用离散一阶向量差分方程表示:

$$\boldsymbol{x}(k) = \boldsymbol{f}[\boldsymbol{x}(k-1), \boldsymbol{u}(k), \boldsymbol{w}(k)] \qquad (9-6)$$

其中,$\boldsymbol{f}(\bullet, \bullet, \bullet)$ 表示 k 时刻的非线性状态转移函数;$\boldsymbol{x}(k)$ 为无人机和地图的当前状态;$\boldsymbol{x}(k-1)$ 为前一时刻状态;$\boldsymbol{u}(k)$ 为当前控制输入;$\boldsymbol{w}(k)$ 为过程噪声。

非线性状态模型可以分解为无人机状态模型和地图状态模型,即

$$\begin{bmatrix} \boldsymbol{x}_v(k) \\ \boldsymbol{x}_m(k) \end{bmatrix} = \begin{bmatrix} \boldsymbol{f}_v[\boldsymbol{x}_v(k-1), \boldsymbol{u}(k), \boldsymbol{w}_v(k)] \\ \boldsymbol{f}_m[\boldsymbol{x}_m(k-1), \boldsymbol{w}_m(k)] \end{bmatrix} \qquad (9-7)$$

其中,过程噪声 $\boldsymbol{w}_v(k)$ 用零均值白噪声表示,即

$$E[\boldsymbol{w}_v(k)] = \boldsymbol{0}$$

$$E[\boldsymbol{w}_v(k)\boldsymbol{w}(k)^{\mathrm{T}}] = \boldsymbol{Q}(k) = \begin{bmatrix} \boldsymbol{\sigma}_{f^b}^2 & \boldsymbol{0} \\ \boldsymbol{0} & \boldsymbol{\sigma}_{\omega^b}^2 \end{bmatrix} \Bigg\} \qquad (9-8)$$

由于无人机状态模型可以用捷联式的惯性导航系统模型表示,通过惯性量测输入可计算出无人机的位置、速度和姿态,即

$$\begin{bmatrix} \boldsymbol{p}(k) \\ \boldsymbol{v}(k) \\ \boldsymbol{\psi}(k) \end{bmatrix} = \begin{bmatrix} \boldsymbol{p}^n(k-1) + \boldsymbol{v}^n(k-1)\Delta t \\ \boldsymbol{v}^n(k-1) + \{\boldsymbol{C}_b^n(k-1)[\boldsymbol{f}^b(k) + \delta \boldsymbol{f}^b(k)] + \boldsymbol{g}^n\}\Delta t \\ \boldsymbol{\psi}^n(k-1) + \boldsymbol{E}_b^n(k-1)[\boldsymbol{\omega}^b(k) + \delta \boldsymbol{\omega}^b(k)]\Delta t \end{bmatrix} + \begin{bmatrix} \boldsymbol{w}_{p^n}(k) \\ \boldsymbol{w}_{v^n}(k) \\ \boldsymbol{w}_{\psi^n}(k) \end{bmatrix}$$

$$(9-9)$$

其中,$\boldsymbol{f}^b(k)$ 和 $\boldsymbol{\omega}^b(k)$ 表示加速度和角速度;$\boldsymbol{C}_b^n$ 表示方向余弦矩阵;$\boldsymbol{E}_b^n$ 表示角速度到欧拉角的变换矩阵。

视觉地标量测通常可认为是无扰动输入,则第 i 个视觉地标的状态转移可简化为

$$\boldsymbol{x}_{mi}^n(k) = \boldsymbol{x}_{mi}^n(k-1) \qquad (9-10)$$

非线性状态模型的雅可比行列式 $\nabla f_x(k)$ 为

$$\nabla f_x(k) = \begin{vmatrix} \dfrac{\partial \boldsymbol{p}^n(k)}{\partial \boldsymbol{p}^n(k-1)} & \dfrac{\partial \boldsymbol{p}^n(k)}{\partial \boldsymbol{v}^n(k-1)} & \dfrac{\partial \boldsymbol{p}^n(k)}{\partial \boldsymbol{\psi}^n(k-1)} \\[3mm] \dfrac{\partial \boldsymbol{v}^n(k)}{\partial \boldsymbol{p}^n(k-1)} & \dfrac{\partial \boldsymbol{v}^n(k)}{\partial \boldsymbol{v}^n(k-1)} & \dfrac{\partial \boldsymbol{v}^n(k)}{\partial \boldsymbol{\psi}^n(k-1)} \\[3mm] \dfrac{\partial \boldsymbol{\psi}^n(k)}{\partial \boldsymbol{p}^n(k-1)} & \dfrac{\partial \boldsymbol{\psi}^n(k)}{\partial \boldsymbol{v}^n(k-1)} & \dfrac{\partial \boldsymbol{\psi}^n(k)}{\partial \boldsymbol{\psi}^n(k-1)} \end{vmatrix}$$

$$= \begin{vmatrix} \boldsymbol{I} & \Delta t \boldsymbol{I} & \boldsymbol{0} \\[3mm] \boldsymbol{0} & \boldsymbol{I} & \Delta t \dfrac{\partial[\boldsymbol{C}_n^b(k-1)\boldsymbol{f}^b(k)]}{\partial \boldsymbol{\psi}^n(k-1)} \\[3mm] \boldsymbol{0} & \boldsymbol{0} & \boldsymbol{I} + \Delta t \dfrac{\partial[\boldsymbol{E}_n^b(k-1)\boldsymbol{\omega}^b(k)]}{\partial \boldsymbol{\psi}^n(k-1)} \end{vmatrix} \qquad (9-11)$$

其中,$\boldsymbol{C}_b^n(k-1)\boldsymbol{f}^b(k)$ 和 $\boldsymbol{E}_b^n(k-1)\boldsymbol{\omega}^b(k)$ 的雅可比行列式分别计算如下:

$$\frac{\partial[\boldsymbol{C}_n^b(k-1)\boldsymbol{f}^b(k)]}{\partial \boldsymbol{\psi}^n(k-1)} = \begin{vmatrix} \dfrac{\partial f_n^n(k)}{\partial \phi(k-1)} & \dfrac{\partial f_n^n(k)}{\partial \theta(k-1)} & \dfrac{\partial f_n^n(k)}{\partial \psi(k-1)} \\[3mm] \dfrac{\partial f_e^n(k)}{\partial \phi(k-1)} & \dfrac{\partial f_e^n(k)}{\partial \theta(k-1)} & \dfrac{\partial f_e^n(k)}{\partial \psi(k-1)} \\[3mm] \dfrac{\partial f_d^n(k)}{\partial \phi(k-1)} & \dfrac{\partial f_d^n(k)}{\partial \theta(k-1)} & \dfrac{\partial f_d^n(k)}{\partial \psi(k-1)} \end{vmatrix} \qquad (9-12)$$

$$\frac{\partial\left[\boldsymbol{E}_n^b(k-1)\boldsymbol{\omega}^b(k)\right]}{\partial\boldsymbol{\psi}^n(k-1)}=\begin{vmatrix}\dfrac{\partial\dot{\phi}(k)}{\partial\phi(k-1)}&\dfrac{\partial\dot{\phi}(k)}{\partial\theta(k-1)}&\dfrac{\partial\dot{\phi}(k)}{\partial\psi(k-1)}\\[4mm]\dfrac{\partial\dot{\theta}(k)}{\partial\phi(k-1)}&\dfrac{\partial\dot{\theta}(k)}{\partial\theta(k-1)}&\dfrac{\partial\dot{\theta}(k)}{\partial\psi(k-1)}\\[4mm]\dfrac{\partial\dot{\psi}(k)}{\partial\phi(k-1)}&\dfrac{\partial\dot{\psi}(k)}{\partial\theta(k-1)}&\dfrac{\partial\dot{\psi}(k)}{\partial\psi(k-1)}\end{vmatrix}\quad(9-13)$$

非线性状态模型的雅可比行列式$\nabla f_w(k)$可根据当前传感器输入来计算：

$$\nabla f_w(k)=\begin{vmatrix}\dfrac{\partial\boldsymbol{p}^n(k)}{\partial\boldsymbol{f}^b(k)}&\dfrac{\partial\boldsymbol{p}^n(k)}{\partial\boldsymbol{\omega}^b(k)}\\[4mm]\dfrac{\partial\boldsymbol{v}^n(k)}{\partial\boldsymbol{f}^b(k)}&\dfrac{\partial\boldsymbol{v}^n(k)}{\partial\boldsymbol{\omega}^b(k)}\\[4mm]\dfrac{\partial\boldsymbol{\psi}^n(k)}{\partial\boldsymbol{f}^b(k)}&\dfrac{\partial\boldsymbol{\psi}^n(k)}{\partial\boldsymbol{\omega}^b(k)}\end{vmatrix}=\begin{vmatrix}\boldsymbol{0}&\boldsymbol{0}\\[2mm]\sqrt{\Delta t}\boldsymbol{C}_b^n(k-1)&\boldsymbol{0}\\[2mm]\boldsymbol{0}&\sqrt{\Delta t}\boldsymbol{E}_b^n(k-1)\end{vmatrix}$$

$$(9-14)$$

二、量测与视觉地标的非线性关系

在解算观测模型过程中，需要考虑来自传感器的位置量测与视觉地标真实位置之间的非线性关系。机载距离、方位和高度传感器提供了无人机与视觉地标的相对量测，距离、方位和高度的关系以及视觉地标的位置。以下将通过无人机状态和地图状态来构建视觉地标位置的非线性等式。

量测的距离、方位和高度信息$z_i(k)=\begin{bmatrix}\rho&\varphi&\theta\end{bmatrix}^T$和第$i$个视觉地标位置$(\boldsymbol{x}_{mi}^n)$有关，其非线性方程为

$$\boldsymbol{x}_{mi}^n(k)=\boldsymbol{g}_1\left[\boldsymbol{p}^n(k),\boldsymbol{\psi}^n(k),\boldsymbol{z}_i(k)\right]=\boldsymbol{p}^n(k)+\boldsymbol{C}_b^n(k)\boldsymbol{p}_{sb}^b+\boldsymbol{C}_b^n(k)\boldsymbol{C}_s^b(k)\boldsymbol{p}_{ms}^s\left[\boldsymbol{z}_i(k)\right]$$

$$(9-15)$$

其中，$\boldsymbol{p}^n$表示无人机的位置；$\boldsymbol{p}_{sb}^b$表示补偿因子；$\boldsymbol{p}_{ms}^s$表示视觉地标的相对距离，计算如下：

$$\boldsymbol{p}_{ms}^s=\boldsymbol{g}_2\left[\boldsymbol{z}(k)\right]=\begin{bmatrix}\rho\cos(\varphi)\cos(\theta)\\\rho\sin(\varphi)\cos(\theta)\\\rho\sin(\theta)\end{bmatrix}\quad(9-16)$$

$\boldsymbol{C}_s^b(k)$表示传感器坐标转换到机体坐标的变换矩阵，由传感器指向决定。假设视觉传感器为下视方向，则$\boldsymbol{C}_s^b(k)$可定义为

无人机系统研究与应用出版工程

$$\boldsymbol{C}_s^b(k) = \begin{bmatrix} \cos\left(-\dfrac{\pi}{2}\right) & 0 & -\sin\left(-\dfrac{\pi}{2}\right) \\ 0 & 1 & 0 \\ \sin\left(-\dfrac{\pi}{2}\right) & 0 & \cos\left(-\dfrac{\pi}{2}\right) \end{bmatrix} \qquad (9-17)$$

三、非线性观测模型

非线性观测模型中量测与状态间的关系为

$$\boldsymbol{z}(k) = \boldsymbol{h}[\boldsymbol{x}(k), \boldsymbol{v}(k)] \qquad (9-18)$$

其中,$\boldsymbol{h}(\cdot, \cdot)$表示$k$时刻的非线性观测模型;$\boldsymbol{v}(k)$表示量测噪声。

在通过观测模型预测出第i个视觉地标的距离、方位和高度之后,式(9-18)可简化为

$$\boldsymbol{z}_i(k) = \boldsymbol{h}[\boldsymbol{x}_v(k), \boldsymbol{x}_{mi}(k)] + \boldsymbol{v}_i(k) \qquad (9-19)$$

其中,$\boldsymbol{z}_i(k)$是第i个视觉地标的量测;$\boldsymbol{v}_i(k)$是零均值、方差为$\boldsymbol{R}(k)$的白噪声。

第i个视觉地标的预测距离、方位和高度可以通过对式(9-15)和式(9-16)求逆得到:

$$\boldsymbol{z}_i(k) = \begin{bmatrix} z_\rho(k) & z_\varphi(k) & z_\theta(k) \end{bmatrix}^{-1} = \boldsymbol{g}_2^{-1}\big[\boldsymbol{g}_1^{-1}(\boldsymbol{x}_v, \boldsymbol{x}_{mi})\big] = (\boldsymbol{g}_2^{-1}, \boldsymbol{g}_1^{-1})(\boldsymbol{x}_v, \boldsymbol{x}_{mi})$$

$$(9-20)$$

其中

$$\boldsymbol{g}_2^{-1}(k) = \begin{bmatrix} \sqrt{x^2 + y^2 + z^2} \\ \arctan(y/x) \\ \arctan\left(z/\sqrt{x^2 + y^2}\right) \end{bmatrix} \qquad (9-21)$$

而$\boldsymbol{p}_{ms}^s = \begin{bmatrix} x & y & z \end{bmatrix}^{\mathrm{T}}$由$\boldsymbol{g}_1(k)$求逆得到:

$$\boldsymbol{g}_1^{-1}(k) = \boldsymbol{C}_b^s(k)\boldsymbol{C}_n^b(k)\big[\boldsymbol{x}_{mi}^n(k) - \boldsymbol{p}^n(k) - \boldsymbol{C}_n^b(k)\boldsymbol{p}_{sb}^b\big] \qquad (9-22)$$

当前无人机状态和地图状态的雅可比行列式$\nabla h_x(k)$可以根据非线性量测等式求得:

$$\nabla f_x(k) = \begin{vmatrix} \dfrac{\partial \rho(k)}{\partial \boldsymbol{p}^n(k)} & \dfrac{\partial \rho(k)}{\partial \boldsymbol{v}^n(k)} & \dfrac{\partial \rho(k)}{\partial \boldsymbol{\psi}^n(k)} \\ \dfrac{\partial \varphi(k)}{\partial \boldsymbol{p}^n(k)} & \dfrac{\partial \varphi(k)}{\partial \boldsymbol{v}^n(k)} & \dfrac{\partial \varphi(k)}{\partial \boldsymbol{\psi}^n(k)} \\ \dfrac{\partial \theta(k)}{\partial \boldsymbol{p}^n(k)} & \dfrac{\partial \theta(k)}{\partial \boldsymbol{v}^n(k)} & \dfrac{\partial \theta(k)}{\partial \boldsymbol{\psi}^n(k)} \end{vmatrix} = \nabla_x \boldsymbol{g}_2^{-1}\{\boldsymbol{g}_1^{-1}[x(k)]\}$$

$$= \{\nabla_y \boldsymbol{g}_2^{-1}[y(k)]\}\{\nabla_x \boldsymbol{g}_1^{-1}[x(k)]\} \qquad (9-23)$$

其中，$\boldsymbol{g}_1^{-1}(k)$在式$(9-22)$中定义；$\boldsymbol{g}_2^{-1}(k)$在式$(9-21)$中定义。二者的雅可比行列式计算如下：

$$\nabla g_2^{-1}(k) = \begin{vmatrix} \dfrac{x}{\sqrt{x^2+y^2+z^2}} & \dfrac{y}{\sqrt{x^2+y^2+z^2}} & \dfrac{z}{\sqrt{x^2+y^2+z^2}} \\[3mm] \dfrac{-y}{x^2+y^2} & \dfrac{x}{x^2+y^2} & 0 \\[3mm] \dfrac{-xz}{(x^2+y^2+z^2)\sqrt{x^2+y^2}} & \dfrac{-yz}{(x^2+y^2+z^2)\sqrt{x^2+y^2}} & \dfrac{\sqrt{x^2+y^2}}{x^2+y^2+z^2} \end{vmatrix}$$

$$(9-24)$$

$$\nabla g_1^{-1}(k) = \begin{vmatrix} -(\boldsymbol{C}_b^n \boldsymbol{C}_s^b)^{\mathrm{T}} & 0 & \dfrac{\partial \boldsymbol{C}_b^s \boldsymbol{C}_n^b (\boldsymbol{x}_{mi}-\boldsymbol{p})}{\partial \boldsymbol{\psi}^n(k-1)} & \cdots & (\boldsymbol{C}_n^b \boldsymbol{C}_b^s)^{\mathrm{T}} & \cdots \end{vmatrix}$$

$$(9-25)$$

式$(9-25)$中第三列的子矩阵是关于欧拉角的相对位置雅可比行列式，可以采用与式$(9-12)$相同的方法计算：

$$\frac{\partial\{\boldsymbol{C}_b^s(k)\boldsymbol{C}_n^b(k)[\boldsymbol{x}_{mi}^n(k)-\boldsymbol{p}_v^n(k)]\}}{\partial\boldsymbol{\psi}^n(k)} = \begin{vmatrix} \dfrac{\partial x^s(k)}{\partial\varphi(k)} & \dfrac{\partial x^s(k)}{\partial\theta(k)} & \dfrac{\partial x^s(k)}{\partial\psi(k)} \\[3mm] \dfrac{\partial x^s(k)}{\partial\varphi(k)} & \dfrac{\partial x^s(k)}{\partial\theta(k)} & \dfrac{\partial x^s(k)}{\partial\psi(k)} \\[3mm] \dfrac{\partial x^s(k)}{\partial\varphi(k)} & \dfrac{\partial x^s(k)}{\partial\theta(k)} & \dfrac{\partial x^s(k)}{\partial\psi(k)} \end{vmatrix}$$

$$(9-26)$$

可用如下公式进行简化计算：

$$\begin{bmatrix} x & y & z \end{bmatrix}^{\mathrm{T}} = \boldsymbol{C}_b^s \boldsymbol{C}_n^b (\boldsymbol{x}_{mi}-\boldsymbol{p}) = \boldsymbol{x}_{mi}(k)-\boldsymbol{p}(k) \qquad (9-27)$$

四、状态预测与估计

从$k-1$时刻到k时刻的状态估计协方差可通过非线性状态模型及其相关雅可比行列式来计算：

$$\boldsymbol{x}(k|k-1) = \boldsymbol{f}[\boldsymbol{x}(k-1|k-1),\boldsymbol{u}(k),\boldsymbol{w}(k)] \qquad (9-28)$$

$$\boldsymbol{p}(k|k-1) = \nabla\boldsymbol{f}_x(k)\boldsymbol{p}(k-1|k-1)\nabla\boldsymbol{f}_x^{\mathrm{T}} + \nabla\boldsymbol{f}_w(k)\boldsymbol{Q}(k)\nabla\boldsymbol{f}_w(k)^{\mathrm{T}}$$

$$(9-29)$$

如果量测数据与滤波器中已有视觉地标正确关联，那么该量测数据将用于更新状态向量和其协方差矩阵：

$$\boldsymbol{x}(k|k) = \boldsymbol{x}(k|k-1) + \boldsymbol{w}(k)\boldsymbol{v}(k) \qquad (9-30)$$

无人机系统研究与应用出版工程

$$p(k|k)=\left[I-w(k)\nabla h_x(k)\right]p(k|k-1)\left[I-w(k)\nabla h_x(k)\right]^{\mathrm{T}}+w(k)R(k)w^{\mathrm{T}}(k)$$

$$(9-31)$$

其中,更新残差向量 $v(k)$、卡尔曼增益 $k(k)$ 及协方差 $s(k)$ 的计算公式如下:

$$\left.\begin{aligned}
v(k)&=z(k)-h\left[x(k|k-1),0\right]\\
k(k)&=p(k|k-1)\nabla h_x^{\mathrm{T}}(k)s^{-1}(k)\\
s(k)&=\nabla h_x(k)p(k|k-1)\nabla h_x^{\mathrm{T}}(k)+R(k)
\end{aligned}\right\}$$

$$(9-32)$$

五、数据关联

数据关联目的在于寻找 k 时刻量测数据与已输入滤波器视觉地标状态之间的关系。对于已绘制的地图视觉地标,关联视觉地标量测正确与否对于地图结构的一致性至关重要。本章的数据关联通过计算马氏距离 γ 确定,计算公式如下:

$$\gamma=v(k)^{\mathrm{T}}s^{-1}(k)v(k)$$

$$(9-33)$$

假设量测噪声服从高斯分布,则 γ 服从 χ^2 分布。如果 γ 小于设定的阈值,量测与视觉地标则用于状态与协方差的更新。阈值可以从标准 χ^2 表中获得,并根据所需置信度进行选择。例如,某状态在置信度 99.5% 的情况下的阈值经查标准 χ^2 表可知为 13.8。

六、增广状态

如果某个量测与已有视觉地标都不匹配,可认为它是新量测的,则将其添加到状态向量和协方差矩阵,可通过初始化函数 $g_1(k)$ 来完成状态增广,即

$$x_{\mathrm{aug}}(k)=G\left[x_v(k),x_m(k),z(k)\right]=\begin{bmatrix}x_v(k)\\x_m(k)\\g_1\left[x_v(k),z(k)\right]\end{bmatrix}$$

$$(9-34)$$

协方差增广矩阵可以通过使用运用初始化函数雅可比行列式的协方差转换来获得,如

$$p_{\mathrm{aug}}(k)=\nabla G\begin{bmatrix}p_{vv}(k)&p_{vm}(k)&0\\p_{mv}(k)&p_{mm}(k)&0\\0&0&R(k)\end{bmatrix}\nabla G^{\mathrm{T}}$$

$$(9-35)$$

其中,∇G 的计算如下:

$$\nabla \boldsymbol{G} = \begin{bmatrix} \boldsymbol{I}_v & 0 & 0 \\ 0 & \boldsymbol{I}_m & 0 \\ \nabla_v g_1(k) & 0 & \nabla_z g_1(k) \end{bmatrix} \qquad (9-36)$$

则等式(9-35)可变为

$$\boldsymbol{p}_{aug}(k) = \begin{bmatrix} p_{vv}(k) & p_{vm}(k) & [\nabla_v g_1(k) p_{vv}(k)]^T \\ p_{mv}(k) & p_{mm}(k) & [\nabla_v g_1(k) p_{vm}(k)]^T \\ \nabla_v g_1(k) p_{vv}(k) & \nabla_v g_1(k) p_{vm}(k) & \gamma(k) \end{bmatrix}$$

$$(9-37)$$

其中

$$\gamma(k) = \nabla_v g_1(k) p_{vv}(k) \nabla_v g_1(k)^T + \nabla_z g_1(k) R(k) \nabla_z g_1(k)^T \qquad (9-38)$$

$\nabla_v g_1(k)$ 和 $\nabla_z g_1(k)$ 分别是无人机状态和量测视觉地标的初始化雅可比行列式：

$$\nabla_v g_1(k) = \left| \begin{matrix} I & 0 & \dfrac{\partial\{\boldsymbol{C}_b^n(k)[p_{sb}^b + \boldsymbol{C}_s^b(k) p_{ms}^s(k)]\}}{\partial \boldsymbol{\psi}(k)} \end{matrix} \right| \qquad (9-39)$$

$$\nabla_z g_1(k) = (\boldsymbol{C}_b^n \boldsymbol{C}_s^b)[\nabla_z g_2(k)] \qquad (9-40)$$

综上，即可完成 EKF-SLAM 算法的循环预测与估计。

9.4 仿真试验及讨论

9.4.1 航路点获取及参数设置

本节将对提出的 SLAM/SM-CVN 算法进行仿真试验验证。试验中采用第四章提出的基于动态关键帧的视觉地标景象匹配算法来获取无人机飞行的航路点(估计位置)和视觉地标，并作为 EKF-SLAM 的航路点的视觉地标，通过两组对比试验来验证不同因素对估计精度的影响。

试验中无人机通过基于动态关键帧的视觉地标景象匹配算法进行自定位，并由模拟的激光雷达得到视觉地标特征与传感器相对位置。为便于解读试验结果，对仿真图中的标识说明如下：浅色线表示无人机的运动轨迹；深色线表示无人机位姿估计；＊点表示地图特征，即视觉地标；椭圆表示无人机对视觉地标的估计误差，椭圆大小表示的是视觉地标的误差校正范围。

基于动态关键帧的视觉地标景象匹配：采样时间 $T=0.025$ s，SUAV 模拟速度 $v=6$ m/s，最大角速度 $g=20°/s$，速度误差 $\sigma_v=0.3$ m/s，姿态角误差 $\sigma_a=3°$。EKF 估计误差方差设定为 $Q=\mathrm{diag}[\sigma_v{}^2,(\sigma_a\pi/180)^2]$。

模拟激光雷达：采样时间 $T=0.2$ s，最大探测距离 30 m，角度误差 $\sigma_\theta=1°$。测量区域呈半圆形。SUAV 观测误差方差设定为 $R=\mathrm{diag}[\sigma_r{}^2,(\sigma_\theta\pi/180)^2]$。

9.4.2 定位精度测试试验与分析

一、景象匹配提取航路点对定位精度影响分析

基于 SLAM 的无人机视觉导航是在预先设定的的航线范围通过不间断地对周围的视觉地标进行定位确定其与每个视觉地标之间的距离，不断修正自己的位置，争取最大程度上的符合航线飞行。由此可见，视觉地标是无人机修正位置的唯一途径。通过分析不难得出，视觉地标数量越多，所绘航线越能接近事先预定的航线，估计精度越高。

仿真试验设置：环境区域大小为 100 m×100 m，分别有 5 个，10 个和 80 个可观测的特征。图 9-2～图 9-4 所示为无人机运行一圈时的仿真图，用误差椭圆表示特征及无人机的估计误差。这三个图所使用的控制路径即航线是一样的，只是环境特征的观测数目不同。

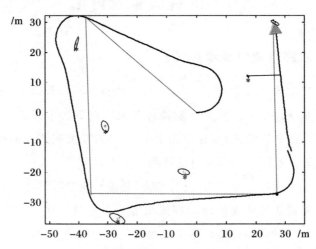

图 9-2 视觉地标数目为 5 的情况下 SLAM 算法仿真结果

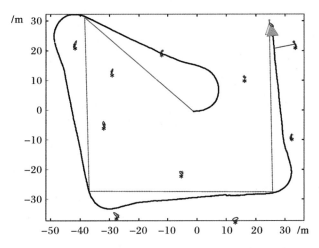

图 9-3　视觉地标数目为 10 的情况下 SLAM 算法仿真结果

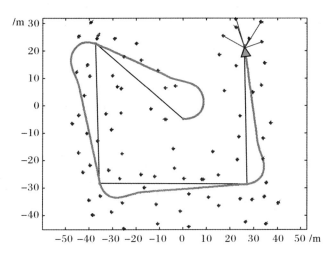

图 9-4　视觉地标数目为 80 的情况下 SLAM 算法仿真结果

　　图 9-2～图 9-4 中控制路径没有改变，只是视觉地标即观测数目增加。图 9-2 中无人机的实际轨迹均不能事先获取的三个中途视觉地标，并且实际轨迹与预计航线差距较大。从误差椭圆中可以看出，误差在不断前进的过程中越来越大，最后不能正确地返回设定的终点位置。图 9-3 中视觉地标数目是图 9-2 的 2 倍，无人机可以通过三个视觉地标，而且误差椭圆较之前明显减小，但仍然不能够正确返回终点位置。

　　图 9-4 中视觉地标密集且是图 9-3 的视觉地标数的 8 倍。无人机准确通

过了三个视觉地标,而且误差椭圆基本和视觉地标重合,表示无人机位姿估计的不确定性越来越低。

在图 9-5 中,我们将不同视觉地标数情况下无人机航行一次得到的估计值与实际值进行相减,从而得出仿真的绝对误差。从图中可明显看出随着视觉地标数的不断增加,绝对误差越来越接近零水平线。这 4 幅图表明地图估计的不确定性随着观测数量的增加而大大降低,在极限情况下,随着地图特征增多,视觉地标估计变得完全相关,地图特征之间的关系可以完全确定,位姿估计的不确定性将降低到有限误差内,所以可以增加地图特征降低估计的不确定性使算法收敛,提高算法的精度。

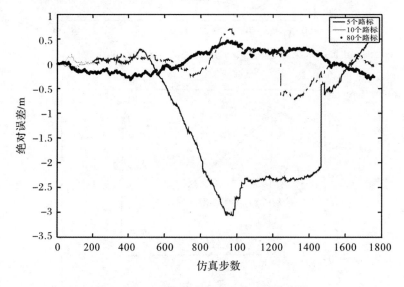

图 9-5　不同视觉地标数目绝对误差比较

二、无人机位姿和地图的更新频率对估计精度的影响

根据 SLAM 原理可知,无人机通过不断观测若干视觉地标,更新数据库,以此来实时校正自己的位姿,并且修正所绘地图。而在算法中要使用的 EKF 分为时间更新和测量更新,很明显更新频率越快,就可以越早地修正之前积累的误差,使无人机尽早按照预定的航线飞行,提高估计精度。

仿真试验:环境区域大小为 $100\ m \times 100\ m$,图 9-6 是每隔 $T=0.025\ s$ 计算一次位姿和地图的更新的仿真图,图 9-7 是每隔 $T=0.5\ s$ 计算一次位姿和地图的更新的仿真图。图 9-6 的更新频率是图 9-7 的 20 倍。

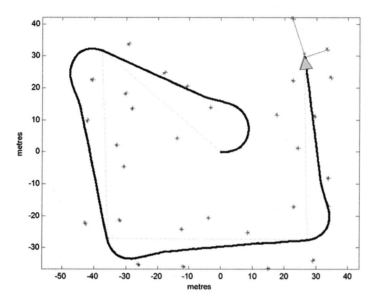

图 9-6 更新时间 $T=0.025s$ 的仿真图

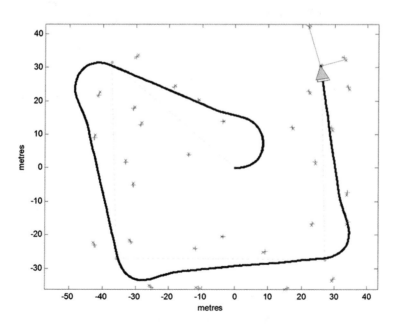

图 9-7 更新时间 $T=0.5s$ 的仿真图

从图 9-6 中可以发现无人机地图更新很快，打点很密，误差椭圆与视觉地标基本重合，说明误差很小，并且最后能正确地返回设定的终点位置，是一次较好的仿真。而在图 9-7 中，无人机地图更新较慢，导致打点较疏，最明显的便是误差椭圆随着行进过程越来越大，而且仿真轨迹与预期航线与图 9-6 比较相差甚远，无人机最后也不能返回设定的终点位置，仿真效果差。在图 9-8 中，我们可以明显看出 0.025 s 更新一次的仿真绝对误差几乎为零，而 $T=0.5$ s 更新一次的仿真绝对误差越来越大，是不收敛的。从图 9-6、图 9-7 比较证明提高 EKF-SLAM 算法中机器人位姿和地图更新频率可以显著提高无人机的定位精度和对环境特征的定位精度。这说明使用检测频率较高的激光雷达或视觉传感器，增加算法的更新频率，可以提高 SLAM 导航系统的性能。从图 9-8 中 EKF-SLAM 算法性能的数据对比中可以进一步证明上面的结论。

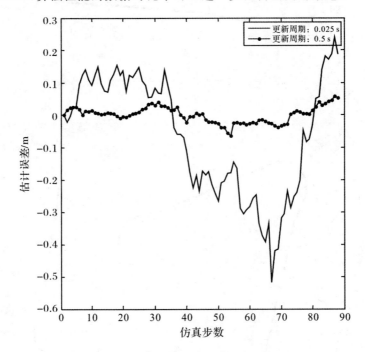

图 9-8　不同更新频率情况下估计误差比较

9.5　本章小结

针对复杂环境下的连续景象匹配导航问题，本章提出了 SLAM/SM-CVN

算法。首先,利用加权 Hausdorff 距离的景象匹配精确提取航路点,在此基础上详细分析了无人机运动的非线性状态模型并构建了量测与路标的非线性关系以及非线性观测模型;然后,对模型的状态进行预测与估计、路标数据关联以及新增路标的增广状态矩阵构建;最后,通过循环预测与估计实现了无人机连续视觉导航。该算法将 SLAM 与景象匹配技术优势互补,通过仿真试验验证,表明了该算法可有效减小位置估计误差,提高复杂环境下的连续视觉导航的定位精度。

第十章　基于 KF - IMM 的无人机连续视觉导航系统

10.1　引　　言

　　导航技术在无人机系统中至关重要,是保证无人机能否执行任务至安全返航的基础。为了设计出可靠的导航系统,国内外学者开展了大量的研究工作。文献[208 - 209]描述了估计导航参数的各种方法,如景象匹配、惯性导航、卫星导航等导航方式。文献[208]提出了基于卡尔曼滤波估计的视觉运动估计方法;文献[209]提出了基于光流法估计和优化的被动式导航算法以估计摄像机运动(旋转和平移)的瞬时速度,由于它不仅要估计平移参数而且要估计旋转参数,计算量较大且难于实用;文献[208 - 209]提出的图像匹配算法同样是由于计算复杂度较高,很难直接用于实际导航系统。

　　景象匹配导航涉及计算机视觉和图像处理技术,到目前为止,能达到实用的景象匹配导航系统较少,在连续视觉导航系统构建方面也鲜有报道。本章在第八章和第九章研究连续景象匹配导航算法的基础上,基于航拍实时图像序列,综合相对景象匹配位置估计与绝对景象匹配位置估计的优势,并引入卡尔曼滤波交互式多模型(Kalman Filtering Interactive Multi - Model,KF - IMM)实现位置估计方式的切换,试图设计一种基于 KF - IMM 的实时的、鲁棒的无人机连续视觉导航系统,并通过实测数据对构建的试验系统进行原理性验证。

10.2　KF - IMM 算法

　　交互式多模型算法是一个循环递推的过程,在每个循环中,基于各个模型的滤波器并行工作,模型之间的转换通过 Markov 链进行,通过加权融合各滤波器的输出得到最终的组合状态估计。循环递推主要有以下四步:输入交互、卡

尔曼滤波计算、模型概率更新计算、状态与协方差的融合估计。现给出 KF-
IMM 算法从 $k-1$ 到 k 时刻递推过程。

一、输入交互

在无约束条件下,模型之间的转换按照一阶 Markov 链进行。交互计算后,滤波器 i 在 k 时刻的输入状态和误差协方差初值分别为 $\hat{X}_{0i}(k-1)$ 和 $P_{0i}(k-1)$:

$$\hat{X}_{0i}(k-1) = \sum_{j=1}^{N} \hat{X}_j(k-1)\mu_{ji}(k-1) \tag{10-1}$$

$$P_{0i}(k-1) = \sum_{j=1}^{N} \mu_{ji}(k-1)\{P_j(k-1) + $$
$$[\hat{X}_j(k-1) - \hat{X}_{0i}(k-1)][\hat{X}_j(k-1) - \hat{X}_{0i}(k-1)]^{\mathrm{T}}\} \tag{10-2}$$

式中,N 为模型总数;X_j,P_j 为滤波器 j 的状态估计及协方差;μ_{ji} 为模型之间实际的转移概率,具体形式为

$$\left.\begin{array}{l} \mu_{ji}(k-1) = \dfrac{1}{\overline{C_i}}\pi_{ji}u_j(k-1) \\[3mm] \overline{C_i} = \sum_{j=1}^{N} \pi_{ji}u_j(k-1) \end{array}\right\} \tag{10-3}$$

式中,π_{ji} 为 Markov 转移概率,有

$$\sum \pi_{ji} = 1 \tag{10-4}$$

其中,$0 < \pi_{ji} < 1$。

二、Kalman 滤波计算

基于混合初始状态 $\hat{X}_{0i}(k-1)$ 及协方差 $P_{0i}(k-1)$,应用 Kalman 滤波计算,得到 k 时刻模型 i 的滤波结果 $\hat{X}_i$ 和 P_i:

$$\hat{X}_i(k|k-1) = \boldsymbol{\Phi}_i(k,k-1)\hat{X}_{0i}(k-1) \tag{10-5}$$

$$\boldsymbol{P}_i(k|k-1) = \boldsymbol{\Phi}_i(k,k-1)\boldsymbol{P}_{0i}(k-1)[\boldsymbol{\Phi}_i(k,k-1)]^{\mathrm{T}} + $$
$$\boldsymbol{\Gamma}_i(k-1)\boldsymbol{Q}_i(k-1)[\boldsymbol{\Gamma}_i(k-1)]^{\mathrm{T}} \tag{10-6}$$

$$\boldsymbol{K}_i(k) = \boldsymbol{P}_i(k|k-1)[\boldsymbol{H}_i(k)]^{\mathrm{T}}\{\boldsymbol{H}_i(k)\boldsymbol{P}_i(k|k-1)[\boldsymbol{H}_i(k)]^{\mathrm{T}} + \boldsymbol{R}_i(k)\}^{-1}$$
$$\tag{10-7}$$

$$\boldsymbol{P}_i(k) = [\boldsymbol{I} - \boldsymbol{K}_i(k)\boldsymbol{H}_i(k)]\boldsymbol{P}_i(k|k-1) \tag{10-8}$$

无人机系统研究与应用出版工程

$$\hat{\pmb{X}}_i(k)=\hat{\pmb{X}}_i(k|k-1)+\pmb{K}_i(k)\left[\pmb{Z}_i(k)-\pmb{H}_i(k)\hat{\pmb{X}}_i(k|k-1)\right] \quad (10-9)$$

其中，$\pmb{\Phi}_i$ 为模型 i 的状态转移阵；$\pmb{\Gamma}_i$ 为噪声驱动阵；$\pmb{Q}_i$ 为系统噪声协方差；$\pmb{H}_i$ 为量测阵；$\pmb{R}_i$ 为观测噪声协方差。

三、模型概率更新计算

若模型 i 在 k 时刻的滤波残差为零均值的高斯白噪声，则其似然函数 $\Lambda_i(k)$ 为

$$\Lambda_i(k)=\sqrt{2\pi\lceil \pmb{s}_i(k)\rceil}\exp\left\{-\frac{1}{2}\left[\pmb{\varepsilon}_i(k)\right]^{\mathrm{T}}\pmb{s}_i(k)\pmb{\varepsilon}_i(k)\right\} \quad (10-10)$$

式中，$\pmb{\varepsilon}_i(k)$ 为模型 i 的滤波残差；$\pmb{s}_i$ 为残差的协方差阵。

因此，模型的概率更新为

$$\pmb{\mu}_i(k)=\frac{\Lambda_i(k)\overline{\pmb{C}_i}}{\sum\limits_{i=1}^{N}\Lambda_i(k)\pmb{C}_i} \quad (10-11)$$

四、状态与协方差的融合估计

通过对各模型滤波器的输出进行加权融合，得到 KF‑IMM 最终的状态估计 $\pmb{X}(k)$ 与协方差 $\pmb{P}(k)$：

$$\hat{\pmb{X}}(k)=\sum_{i=1}^{N}\hat{\pmb{X}}_i(k)\pmb{\mu}_i(k) \quad (10-12)$$

$$\pmb{P}(k)=\sum_{i=1}^{N}\pmb{\mu}_i(k)\left\{\pmb{P}_i(k)+\left[\hat{\pmb{X}}_i(k)-\hat{\pmb{X}}(k)\right]\left[\hat{\pmb{X}}_i(k)-\hat{\pmb{X}}(k)\right]^{\mathrm{T}}\right\} \quad (10-13)$$

10.3 连续视觉导航系统

连续视觉导航系统的总体方框图如图 10‑1 所示，它由相对景象匹配位置估计和绝对景象匹配位置估计两部分组成，I_n 表示当前输入的实时图，ϕ_n，ω_n，θ_n 和 h_n 分别表示无人机的滚转、俯仰、偏航和高度参数，P_n 表示最终估计位置。需要注意的是，本章中下标 n 表示第 n 帧实时图，$P_{\mathrm{rel},n}$ 表示相对位置。在相对景象匹配位置估计部分，摄像机两个相邻图像帧之间的位移 B_n 根据立体建模计算得出，当前位置 P_n 根据累积两个相邻图像帧的相对位移估计值得到，P_{abs} 表示绝对位置，P_{high} 表示使用高精度图像的绝对景象匹配位置估计算法所得到的位置，绝对景象匹配位置估计被引入是为了减少相对景象匹配位置估计产生的累积误差。

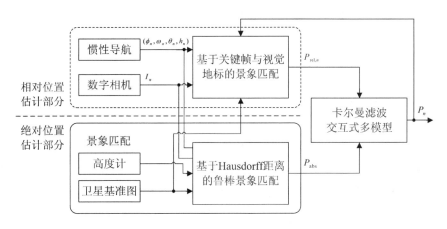

图 10-1 连续视觉导航系统原理框图

连续景象匹配系统由交互式多模型切换方式控制,使绝对景象匹配位置估计的轨迹和自主导航的规划的轨迹合并。绝对景象匹配位置估计使用图像信息完成。基于景象匹配的绝对景象匹配位置估计使用高分辨率卫星图像作为基准图,地面分辨率为 5 m/像素,而实时图的分辨率是 1~3 m/像素。采用高分辨率卫星图像的绝对景象匹配位置估计在有视觉地标的区域(比如公路和建筑物等),对精确、鲁棒的位置估计很有效。当前位置也可以通过对航拍实时图序列进行匹配来估计。因此,本算法可以通过景象匹配算法准确地估计绝对位置,由于引入了相对景象匹配位置估计,其处理速度比传统算法更快。

10.3.1 相对景象匹配位置估计

相对景象匹配位置估计通过累积摄像机的位移,利用之前估计的位置,循环地计算出当前的位置。相对景象匹配位置估计算法的原理框图如图 10-2 (a)所示,其中,Z 表示每帧图像之间的时延,MP'_n 表示特征点,相对景象匹配位置估计方法递归地计算出两个位置(P_{n-1} 和 P_n)之间的相对位移 B_n,然后通过累积相对位移 B_n 更新无人机位置。

在本章试验中,由于摄像机固连在无人机上,需要补偿两个相邻图像帧之间摄像机高度的变化,因此,根据来自陀螺仪的无人机高度,把上一个输入图像 I_{n-1} 转变为 I'_{n-1} 来和当前输入图像 I_n 相匹配。由于二者高度不同,需要将 I_{n-1} 映射到 I'_{n-1},可以通过光线追踪方法将 I_{n-1} 上每一个点映射到 I'_{n-1} 中对应点来获得。这里,采用第五章提出的多尺度邻域重构快速景象匹配算法,利用归一化互相关方法(Normalized Correlation Coefficient,NCC)得到匹配点对。使用两层层次匹配减小计算量,并通过小波图像金字塔来完成。然后,在原始卫星基准图上,以一个很小的邻域进行搜索,找出其对应关系,从而获取高精度匹配点位置估计 MP_n。

图 10-2(a)所示为基于景象匹配的相对景象匹配位置估计原理框图,I_n 表示当前第 n 帧实时图,ϕ_n,ω_n,θ_n 和 h_n 分别表示第 n 帧时,无人机的滚转、俯仰、偏航和高度参数,$P_{\text{rel},n}$ 表示相对景象匹配位置估计得到的第 n 个位置。图 10-2(b)所示为基于景象匹配的位移估计,相对景象匹配位置估计方法使用当前输入图像 I_n 的特征点 MP_n 和前一个图像 I_{n-1} 的特征点 MP'_n,得到了无人机的位移 $\boldsymbol{B}_n$,可以表示成 Tv_n。这里,T 表示采样间隔;v_n 是无人机的速度;(X_N,Y_N,Z_N) 表示导航坐标系,X_N 和 Y_N 分别表示经度和纬度;Z_N 表示相对于海平面的高度;f 是摄像机的焦距;$M_n=(M_{n,x},M_{n,y},M_{n,z})$ 是卫星基准图上的位置,对应于特征点;$\boldsymbol{R}'_n(\boldsymbol{R}_n)$ 是指 $P_{n-1}(P_n)$ 到卫星基准图上的位置的向量;$r'_n(r_n)$ 是其归一化向量,并把摄像机坐标系下的特征点转换到导航坐标系,其姿态参数由陀螺仪提供。需要注意的是,向量 $\boldsymbol{R}'_n(\boldsymbol{R}_n)$ 经过了前一帧的特征点 MP'_n(当前帧的特征点为 MP_n)。

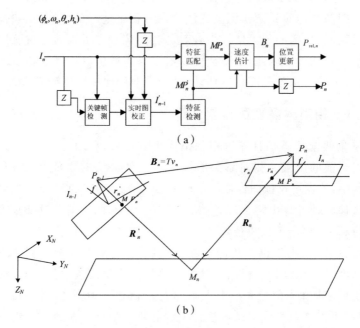

图 10-2 相对景象匹配位置估计
(a)相对景象匹配位置估计原理;(b)基于景象匹配的位移估计

首先,需要计算 $\boldsymbol{R}'_n$ 和 $\boldsymbol{R}_n$ 来得到 $\boldsymbol{B}_n$,其中,$\boldsymbol{R}'_n = [M_{n,x} - P_{n-1,x}, M_{n,y} - P_{n-1,y}, M_{n,z} - P_{n-1,z}]$,$P_{n-1}$ 已知而且 M_n 可以通过对 P_{n-1} 和 $\boldsymbol{r}'_n$ 进行射线追踪求出。另外,$\boldsymbol{R}_n$,即 $[R_{n,x}, R_{n,y}, R_{n,z}]$ 的计算公式如下:

$$\frac{R_{n,x}}{r_{n,x}} = \frac{R_{n,y}}{r_{n,y}} = \frac{R_{n,z}}{r_{n,z}} = \frac{M_{n,z} - P_{n,z}}{r_{n,z}} \qquad (10-14)$$

式中,$\boldsymbol{r}_n = [r_{n,x}, r_{n,y}, r_{n,z}]$ 相对于海平面的高度 $P_{n,z}$ 由陀螺仪和高度计给出,$\boldsymbol{B}_n$ 定义如下:

$$\boldsymbol{B}_n(MP'_n, MP_n, X_{n-1}, Y_{n-1}, S_{n-1,n}) = \boldsymbol{R}'_n - \boldsymbol{R}_n \qquad (10-15)$$

式中,$S_{n-1,n}$ 表示参数向量,包含两帧连续图像(I_n 和 I_{n-1})的滚转、俯仰、偏航和高度参数。然后,可以通过估计当前位置到前一个位置 P_{n-1} 的位移 $\boldsymbol{B}_n$,计算出无人机的当前位置 P_n。同样地,无人机的速度 v_n 可以由位移 $\boldsymbol{B}_n$ 除以图像序列的采样间隔 T 计算出,即 $v_n = \boldsymbol{B}_n / T$。系统的采样间隔 T 设定为 1 s,以保证两个相邻图像帧的重叠面积是总图像尺寸的一半。此相对位置算法已经在 PC104 上实现实时运行。

以上分析对每帧实时图仅使用了单个匹配点来估计位移,也可以通过多个匹配点的回归分析来进行。但是,因为错误匹配概率随着匹配点数量的增加而增大,从经验上看,改善效果不明显;另外,由于一些匹配点的误差很大,基于高斯白噪声假设的线性估计会因为异常值产生错误结果。因此,系统导航参数的估计误差将随着时间的增加而增大,相对景象匹配位置估计必须由绝对景象匹配位置估计来进行补偿。

在相对景象匹配位置估计中,位置估计误差与飞行高度的误差近似成正比,因此高度误差越小,性能就越好。由于实时图因滚转角的微小变化发生几何畸变,导致滚转角变化在误差中占很大比例。实际上,因为风的影响,无人机的滚转角很容易变化,在很大程度上影响了相对景象匹配位置估计的准确性。

10.3.2 绝对景象匹配位置估计

绝对景象匹配位置估计算法采用基于 Hausdorff 距离度量(Robust Oriented Hausdorff measure,ROHM)的鲁棒景象匹配,在绝对景象匹配位置估计情况下,将实时图与基准图进行景象匹配,精确定位无人机的当前位置,并以此修正相对景象匹配位置估计误差,绝对景象匹配位置估计利用第五章提出的多尺度邻域重构算法以提高连续景象匹配导航的实时性。

通常,导航系统旨在引导无人机沿着规划航迹飞行。本系统将高分辨率卫星图像作为基准图,在无人机沿着规划轨迹飞行过程中,将实时图与基准图进行景象匹配，并以此进行无人机的绝对位置估计。当无人机的航拍实时图中包括明显的建筑时，比如公路、建筑物、体育场和立交桥等，采用 ROHM 距离的景象匹配算法对无人机进行精确地估计位置。该算法对严重噪声污染的景象匹配具有较强的鲁棒性。相对景象匹配位置估计产生的位置误差可以通过基于 ROHM 的绝对景象匹配位置估计来补偿。

ROHM 通过对无人机实时图和基准图中两个相应测试点的梯度信息来判断二者是否匹配正确，同时需要构造边缘图像和距离变换图像来计算 ROHM。图 10-3(a)所示为 ROHM 算法的原理框图，景象匹配过程中构造了梯度图像、边缘图像和距离变换图像。距离变换图像是边缘图像的距离图，包含了所有点到其最近邻边缘点的欧氏距离数值。

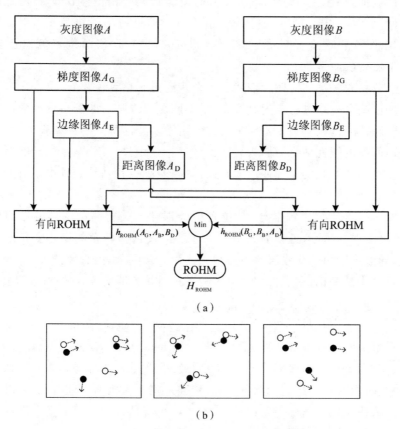

（a）

（b）

图 10-3　基于 ROHM 的绝对景象匹配位置估计
（a）ROHM 原理框图；（b）利用方位信息判断对应点

首先,把 Soble 边缘算子应用于灰度级图像 $A(B)$ 构建梯度图像 $A_G(B_G)$,
然后把梯度图像阈值化构建边缘图像 $A_G(B_G)$。梯度图像的每个像素值储存在
向量形式中,例如,图像 A 中点 a 的梯度值由 $A_G(a)=(G_{a,x},G_{a,y})$ 来描述,$G_{a,x}$
$(G_{a,y})$ 表示在 a 点处对 $x(y)$ 的导数,把梯度量级阈值化产生边缘图像 $A_E(B_E)$,
利用方位信息消除不正确的匹配点。边缘图像的阈值在试验上设定为 100。距
离变换图 A_D 和 B_D 分别由边缘图像 A_E 和 B_E 构建,使用了 Borgefors 的两步算
法,两步算法使用沿相反方向的两个滤波器产生距离变换图,其计算复杂度是
$o(N_c \times N_r)$,N_c 和 N_r 分别表示列像素和行像素的数量。

对于有向 ROHM 距离,有 $h_{ROHM}(A_G,A_E,B_D)$,可由梯度图像 A_G、边缘图
像 A_E 和距离变换图像 B_D 计算得到。同理,$h_{ROHM}(B_G,B_E,A_D)$ 可由 B_G,B_E 和
A_D 计算。通过累积边缘图像各像素的加权距离来求出,其权值由梯度图像 A_G
和 B_G 的点积来定义。

因此,ROHM 计算公式如下:

$$H_{ROHM} = \min[h_{ROHM}(A_G,A_E,B_D),h_{ROHM}(B_G,B_E,A_D)] \tag{10-16}$$

其中,$h_{ROHM}(A_G,A_E,B_D)$ 和 $h_{ROHM}(B_G,B_E,A_D)$ 表示有向 ROHM 距离。有向
ROHM 距离 $h_{ROHM}(A_G,A_E,B_D)$ 定义为

$$h_{ROHM}(A_G,A_E,B_D) = \sum_{a \in A_S} \boldsymbol{d}_{A_G(a)} \cdot \boldsymbol{d}_{B_G(a)} \rho_T[B_D(a)] = \sum_{a \in A_S} s(a) \rho_T[B_D(a)]$$

$$\tag{10-17}$$

有向矢量 $\boldsymbol{d}_{A_G(a)}(\boldsymbol{d}_{B_G(a)})$ 表示位置 a 处灰度级图像 $A(B)$ 的单位梯度向量,
$s(a) = \boldsymbol{d}_{A_G(a)} \cdot \boldsymbol{d}_{B_G(a)}$ 表示来自于两幅图像 A 和 B 的两个梯度向量的点积。
$B_D(a) = \min_{b \in B_S} \|a-b\|$ 是位置 a 处图像 B 的距离图的值。ROHM 算法累加
了所有边缘像素的变换距离以及其梯度方位信息的权值,使得该算法对噪声数
据具有较强的鲁棒性。另外,由于使用了方位信息,基于方向差异可以有效地
剔除方向不同的错误匹配点。图 10-3(b) 展示了方位信息的鲁棒性和有效性,
圆圈和黑点分别表示输入图像边缘和基准图边缘,左图相似度很大。对应于基
准图中两个点,输入图像的匹配点有相同的方向,还有一个被认为是异常点,没
有找到匹配点;对于中间的图,输入图像的匹配点和其基准图中的点方向都
不同。

通过搜索基准图与实时图之间对应的最大有向 ROHM 距离来估计实时图
在基准图上的绝对位置。通过将实时图在基准图上进行"滑窗"比较,计算 RO-
HM 距离得到匹配点,然后通过基准图的已知位置计算出实时图的绝对位置。
这里假定基准图的方位参数和高度参数是已知的。

由于景象匹配位置估计误差是以像素为单位度量的,因此,误差的实际大小由图像的地面分辨率决定。同时,地面分辨率由无人机的飞行高度决定。通常高分辨率卫星图像的地面分辨率为 0.5~3 m/像素。在以像素为单位度量的景象匹配中,其最大误差约为 2 个像素。若转换到大地坐标系中,地面的位置估计误差计算需要考虑机载相机的姿势参数和高度参数。

10.4　试验结果及讨论

10.4.1　连续景象匹配导航

试验环境:采用 5.4 节的"测试环境Ⅰ"。

试验数据:试验使用两组实测数据测试序列Ⅱ和测试序列Ⅲ。测试序列Ⅱ由安装在直升飞机上的松下 HDC－SD9GK 摄像机拍摄,其视场角为 42.4°×54.7°,地点是陕西西安;测试序列Ⅲ由小型飞机上的松下 HDC－SD9GK 摄像机拍摄,其视场角为 38.4°×25.7°,地点在咸阳。测试序列Ⅱ,Ⅲ分别由 2 400 帧和 1 270 帧组成(由于速高比较小,采样率取 1 帧/s),全部飞行轨迹分别为 54 km 和 28 km,轨迹由大量弯道和直道组成。姿势和高度参数分别由陀螺仪和测高仪得出,这些设备安装在摄像机上,针对合适的图像帧同步测出相应参数。表 10.1 列出了两个测试序列的特征,应注意,地面分辨率为 $2h\tan(\theta_r/2)/N_c$。其中,h,θ_r 和 N_c 分别是摄像机的高度,沿着实时图水平方向的视场角和垂直方向的视场角。假设摄像机是完全下视的,试验所用的基准图投影基准为 WGS84。匹配算法采用 NCC 匹配算法,窗口尺寸$(W_x \times W_y)$设定为 101×101 像素,搜索区域$(U_x \times U_y)$在第一帧图像时设定为 641×321 像素,从下一个帧图像开始减为 121×161 像素,以保证之前的估计位置不断前移。

表 10.1　两组测试序列的图像特性

类　　别	测试序列Ⅱ	测试序列Ⅲ
飞行平台	直升机	直升机
摄像机	HDC－SD9GK	HDC－SD9GK
航高/m	680	850
航速/(m·s^{-1})	20	24
视场	42.4°×54.7°	38.4°×25.7°

续表

类　别	测试序列Ⅱ	测试序列Ⅲ
覆盖区域	西安	咸阳
帧数/帧	2 400	1 270
航程/km	54	28

图 10-4(a)和图 10-4(b)分别展示了两个航空图像序列实测数据的样本图像，这些数据均被灰度化。图 10-4(a)(1 920×1 080 像素)由航高为 680 m 左右的直升飞机获取。$N_c × N_r$ 代表图像尺寸，N_c 和 N_r 分别代表列像素数和行像素数。图 10-4(b)(1 920×1 080 像素)由航高 850 m 左右的小型飞机获取。实时图的分辨率与基准图分辨率不同，即二者在尺度上差异较大，本书采用的基于 SURF 特征的图像配准方法，不仅可有效克服实时图与基准图在尺度上的不同，而且还可以克服二者在旋转、光照等方面的较大差异，从而实现两幅图像的高精度配准。

（a）

（b）

图 10-4　两组航空图像序列实测数据

（a）测试序列Ⅱ（1 920×1 080 像素）；（b）测试序列Ⅲ（1 920×1 080 像素）

无人机系统研究与应用出版工程

　　另外,由于无人机连续视觉导航系统是非线性的,难以给出准确的数学描述,本书仅从数值分析角度对该系统的导航误差进行了研究之后将通过对测试试验数据的数值计算,分析基于 KF-IMM 的无人机连续视觉导航系统的鲁棒性和灵敏度。

　　图 10-5(a)和图 10-6(a)分别展示了测试序列 Ⅱ,Ⅲ 的真实和估计位置估计的试验结果。在轨迹的表示中,粗线和细线分别表示真实的轨迹和利用基于 SURF 特征的位置估计算法计算出的轨迹;虚线表示在 5 000∶1 的地图上人工辨别飞机位置所获得的轨迹。通过分析发现,图像空配准误差小于 10 像素,即最大误差约 100 m。

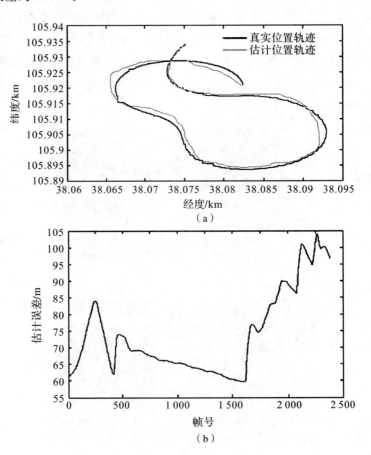

图 10-5　测试序列 Ⅱ 位置估计结果
(a)位置估计轨迹;(b)位置估计误差

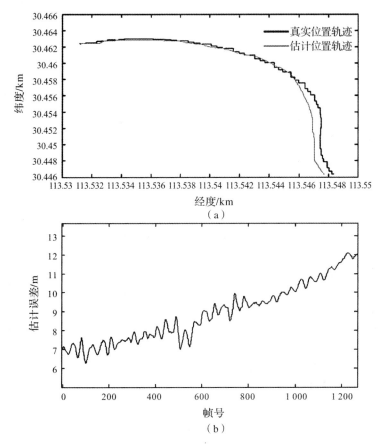

图 10-6　测试序列Ⅲ位置估计结果

(a)位置估计轨迹；(b)位置估计误差

为评价位置估计的性能，定义平均位置误差为

$$\frac{1}{K}\sum_{k=1}^{K}\sqrt{(X'_k-X_k)^2+(Y'_k-Y_k)^2} \qquad (10-18)$$

其中，(X'_k,Y'_k)和(X_k,Y_k)分别代表人工估计的位置和使用本书算法估计得到的位置；K代表人工估计的帧的总数。

对测试图像序列Ⅱ，使用本书提出的位置估计算法得到的平均误差为 55 m。试验表明通过使用 Hausdroff 距离进行位置估计，即使飞机在风力较大(大于三级)的情况下估计误差还在可接受的范围内，证实了本书位置估计算法是有效的。图 10-5(b)有一段显示出位置估计减小趋势，表明使用基于 Hausdroff

距离的位置估计为飞机在山区实现鲁棒视觉导航提供了有效的定位方法。

图 10-6 所示为测试序列Ⅲ的位置估计试验结果。与测试序列Ⅱ不同的是,位置估计得到的平均位置误差为 8 m,这是由于测试序列Ⅲ是河流、道路较多的区域,且飞行时天气晴朗、无风。位置估计的最大误差是 12 m,这表明在特征明显的区域,估计误差会大大减小。测试序列Ⅲ的试验同样证明了通过本书所提出位置估计方法有效性。可以预见,在特征明显的区域本书的位置估计精度将接近卫星导航系统,如果预先设置地面控制点,位置估计将更精确、更鲁棒。

10.4.2　导航误差数值分析

本系统对误差的灵敏度已经通过试验给出,有两种误差来源:内部的和外部的。内部误差是由于不精确的景象匹配造成的,而外部误差包括了高度测量误差和视觉地标测量误差等。

位移对匹配点的导数计算如下:

$$\frac{\partial B_{n,x}}{\partial MP_{n,x}} = -(M_{n,z}-P_{n,z})\frac{\left[(R_{11}R_{32}-R_{12}R_{31})MP_{n,y}+(R_{11}R_{33}-R_{13}R_{31})f\right]}{(R_{31}MP_{n,x}+R_{32}MP_{n,y}+R_{33}f)^2}$$

$$(10-19)$$

$$\frac{\partial B_{n,x}}{\partial MP_{n,y}} = -(M_{n,z}-P_{n,z})\frac{\left[(R_{12}R_{31}-R_{11}R_{32})MP_{n,x}+(R_{12}R_{33}-R_{13}R_{32})f\right]}{(R_{31}MP_{n,x}+R_{32}MP_{n,y}+R_{33}f)^2}$$

$$(10-20)$$

$$\frac{\partial B_{n,y}}{\partial MP_{n,x}} = -(M_{n,z}-P_{n,z})\frac{\left[(R_{21}R_{32}-R_{31}R_{22})MP_{n,y}+(R_{21}R_{33}-R_{31}R_{23})f\right]}{(R_{31}MP_{n,x}+R_{32}MP_{n,y}+R_{33}f)^2}$$

$$(10-21)$$

$$\frac{\partial B_{n,y}}{\partial MP_{n,y}} = -(M_{n,z}-P_{n,z})\frac{\left[(R_{22}R_{31}-R_{32}R_{21})MP_{n,x}+(R_{22}R_{33}-R_{32}R_{23})f\right]}{(R_{31}MP_{n,x}+R_{32}MP_{n,y}+R_{33}f)^2}$$

$$(10-22)$$

由这些导数,沿 x 和 y 方向的位移灵敏度定义为

$$S_x = E(S_{n,x}) = E\left[\frac{\sqrt{\left(\frac{\partial B_{n,x}}{\partial MP_{n,x}}\right)\Delta MP_{n,x}+\left(\frac{\partial B_{n,y}}{\partial MP_{n,x}}\right)\Delta MP_{n,x}}}{\sqrt{(B_{n,x})^2+(B_{n,y})^2}}\right] \quad (10-23)$$

$$S_y = E(S_{n,y}) = E\left[\frac{\sqrt{\left(\frac{\partial B_{n,x}}{\partial MP_{n,y}}\right)\Delta MP_{n,y}+\left(\frac{\partial B_{n,y}}{\partial MP_{n,y}}\right)\Delta MP_{n,y}}}{\sqrt{(B_{n,x})^2+(B_{n,y})^2}}\right] \quad (10-24)$$

式中,$E(\cdot)$表示期望。通过对测试序列Ⅱ相对景象匹配位置估计试验数据的数值计算得出,沿 x,y 方向的灵敏度 S_x,S_y 分别是 3.8% 和 2.6%。由于错误匹配引起的误差大约是 $2h\tan(\theta_r/2)d/N_c$,这里假设摄像机为下视拍摄,其中 h,θ_r,d 和 N_c 分别表示摄像机的高度、视场角、视差和图像帧的列数,当 h 为 1 000 m时,误差大约是 3.46 m/像素。试验结果表明,由于错误匹配(1~10 像素)引起的误差范围为 3.55~31.8 m,该估计误差将通过绝对景象匹配位置估计来补偿。

10.5　本章小结

本章以实时图序列和卫星高分辨基准图为数据源,针对无人机位置估计设计了基于交互式多模型无人机连续视觉导航系统,通过相对景象匹配位置估计和绝对景象匹配位置估计两个部分来实现。该系统基于卡尔曼滤波交互式多模型实现位置估计方式的切换。相对景象匹配位置估计是利用连续两帧实时图之间的帧间相对位移估计,实现无人机当前位置的递推计算;绝对景象匹配位置估计通过基于鲁棒 Hausdorff 距离度量的景象匹配算法来实现位置估计,并补偿相对景象匹配位置估计的累积误差;最后通过两组实测图像序列验证了该连续视觉导航系统的有效性。下一步研究将集中在系统的实时执行方面,计划研制基于 DSP 和 FPGA 的连续视觉导航系统原理样机。

第四部分
景象匹配适配性
分析研究

本部分针对景象匹配适配性分析展开研究。景象匹配适配性分析是景象匹配导航系统中一项用于预先评估、分析匹配性能的专业技术。该技术可根据景象匹配导航系统对匹配性能的要求,在基准图选择时,通过对候选景象覆盖区域匹配性能的分析、预测和评价,确定该区域是否可作为景象匹配区,从而保证好的匹配算法能够有的放矢。景象匹配适配区域选择是景象匹配导航系统应用必须解决的首要问题,也是景象匹配算法得以工程应用的关键。

基于 CR - DSmT 多指标融合的适配性分析方法

11.1　改进的适配性分析指标

11.1.1　适配性指标选取准则

在景象匹配中,由于地物本身发生变化导致基准图像和实测图像之间存在差异,难以通过匹配算法加以矫正,因此在适配区选取过程中,要选择地物相对比较稳定的区域,从而保证所拍摄实测图与基准图差异相对较小。同时,地物特征的丰富程度对匹配能够成功以及匹配精度影响很大,比如,平坦沙漠或海洋提供的信息量与特征明显的道路或者桥梁差别很大。不失一般性,实测图与基准图的信噪比 SNR 越大,则景象中包含的信息量越大。而在实际应用中,由于基准图适配性分析是在景象匹配前脱机进行的,实测图不能事先获得,一般通过计算基准图像与高斯噪声的方差比来近似获得。此外,重复模式也是重要的适配性评价指标之一,其指的是基准图中某些区域在灰度或其他特征上的相似程度,相似性越高越易导致正确与错误匹配位置混淆,造成匹配误差甚至错误匹配的情况。因此,对基准图像区域重复模式的度量非常重要。重复模式分析一般方法是在待选基准图中各个位置按照实测图大小截取一定的模板,然后在该区域周围的邻域内滑动并按照一定的匹配算法计算得到邻域相关阵,统计大于设定阈值的数目比例,值越大,则此区域内的重复模式越多,反之区域内重复模式越少,特征显著,适合作匹配区。

基于上述指标选取准则,常见的适配性分析指标有图像方差(image grayscale variance)、相关长度(correlation length)、独立像元数(independent pixel)、纹理能量比(pattern energy ratio)、自匹配系数(self - matching coefficient)、相关峰特征(correlation peak feature)、边缘密度(edge density)等。其

中,相关长度、相关峰特征和边缘密度等指标能够相对比较确切、真实地描述景象(预选基准图)的适配性能。

相关长度是反映图像灰度粗糙程度的参数,可作为度量邻域重复模式的指标,定义为自相关系数 $\rho_i = 1/e = 0.368$ 时的位移增量 i 的大小,记为 L。且认为图像中凡是相隔长度大于 L 的两个像素相互独立。相关长度是有方向性的,对于二维景象图,一般求取水平和垂直两个方向的相关长度 L_x,L_y。相关长度值越大,说明邻域重复越严重,适配性越差。独立像元数 N_p 是利用相关长度计算的指标,定义为 $N_p = (W/L_x)(H/L_y)$。其中 W,H 分别为图像的宽、高。常见的相关长度指标,都是基于灰度自相关系数直接提取的,较少考虑到实际应用中实测图容易受到干扰导致适配性发生变化的情形。在实际环境中,实测图与基准图有可能存在时间、季节、气候等条件的不同,同时光照、噪声以及抖动等因素都可能导致较大的灰度差异。当实测图与基准图差异相对较大时,选用相关长度分析得到的适配区进行匹配,有时会出现错误。

在相关峰特征中,一般选用主次峰比 M_{PSR} 和最高峰尖锐度 M_{PCE} 两个指标,分别定义为

$$M_{PSR} = \frac{V_{max}}{V_{sub}} \tag{11-1}$$

$$M_{PCE} = \frac{V_{max} - E(V)}{\sqrt{E(V^W) - [E(V)]^2}} \tag{11-2}$$

式中,V 为相关面;V_{max} 为相关面上的最高峰幅值;V_{sub} 为相关面上的次高峰幅值。M_{PSR} 反映匹配算法对相似景物的辨别能力($M_{PSR} \geqslant 1$),值越接近 1 表明算法分辨能力越低,导致失配的概率也越大;M_{PCE} 则测量相关峰值的尖锐程度。单帧匹配得到的相关峰特征具有较大的不确定性,譬如有些相关峰在相关面上呈现出明显的长条状分布,此时特征量可能并不很大,但相关峰度量值却可能较大,实际上此类相关主峰也很容易带来匹配结果的漂移。

与灰度信息相比,边缘是相对稳定不变的特征,边缘密度则是体现图像边缘信息量的度量,边缘密度大表明图像特征多,相应的匹配基准点也多。边缘密度用 ρ_{edge} 表示,待选基准图中位置 (u,v) 处边缘密度的计算公式为

$$\rho_{edge}(u,v) = \frac{N_{edge}}{N_{total}} \tag{11-3}$$

式中,N_{edge} 为区域中边缘像素的个数;N_{total} 为区域像素总个数。需要注意的是,边缘密度并不固定,与边缘提取效果密切相关,当图像受噪声干扰较为严重时,

边缘密度指标会下降;同时,某些特征丰富,但重复率较高的区域也会提取出较多的边缘,使得边缘密度指标难以处理重复模式问题。

11.1.2　改进的适配性分析指标

针对相关长度、相关峰特征和边缘密度指标在实际应用中存在的不足之处,对其进行了适当的改进,并提出了 3 个改进后的适配指标:相位相关长度、有效轮廓密度和多尺度边缘密度。

一、相位相关长度

由于相关长度计算过程中较少考虑实测图容易受到干扰,导致与基准图差异较大时区域适配性发生变化的问题,提出了一种改进的相位相关长度指标。首先对基准图进行相位一致性变换,获得对噪声、光照都不敏感的相位一致性特征图,然后在此基础上再计算相关长度。

Morrone 等人[157]在研究马赫带现象时提出并通过试验证明了人类视觉感知的图像特征出现在傅里叶谐波分量叠合最大相位处,特征类型由相位的值决定,论证了相位一致性与人类视觉系统对图像特征的认知相符合。与灰度相比,相位一致性特征能够更好地描述图像的特征,具有局部光照和对比度不变性的特点,同时对噪声干扰也不敏感。给定一维信号 $f(x)$,其傅里叶级数展开可表示为

$$f(x) = \sum_n A_n(x)\cos[\varphi_n(x)] \tag{11-4}$$

式中,$A_n(x)$ 为傅里叶变换第 n 个余弦分量的振幅;$\varphi_n(x)$ 表示在 x 处傅里叶变换成分的局部相位。则定义 $f(x)$ 相位一致性变换函数为

$$PC(x) = \max_{\overline{\varphi}(x) \in [0, 2\pi]} \frac{\sum_n A_n(x)\cos[\varphi_n(x) - \overline{\varphi}(x)]}{\sum_n A_n(x)} \tag{11-5}$$

其中,$\overline{\varphi}(x)$ 是相位的加权平均。可以看出,若所有傅里叶分量都有一致的相位,则比值为 1;反之比值为 0。即相位一致性变换值是一个无量纲的量,反映的是图像的相位特征信息。Venkatesh 与 Owens 等人[157]指出相位一致性可以通过局部能量来计算,具体公式如下:

$$PC(x) = E(x) / \sum_n A_n(x) \tag{11-6}$$

式中，$E(x)$ 为 x 点处的局部能量，可表示为

$$E(x) = \sqrt{[f(x)]^2 + [H(x)]^2} \tag{11-7}$$

其中，$H(x)$ 是 $f(x)$ 的 Hilbert 变换。Kovesi[162]进一步借助 Gabor 滤波器修正了局部能量计算公式，并考虑了频带展宽和噪声补偿，将相位一致性变换扩展到二维空间，图像 $I(x,y)$ 的相位一致性变换函数表示为

$$PC(x,y) = \frac{\sum_o \sum_n W_o(x,y) \lfloor A_{no}(x,y) \Delta\Phi_{no}(x,y) - T_o \rfloor}{\sum_o \sum_n A_{no}(x,y) + \varepsilon} \tag{11-8}$$

式中，$A_{no}(x,y)$ 是图像 I 在给定滤波器尺度 n 和方向 o 的振幅，$W_o(x,y)$ 为滤波器频带加权因子；T_o 为估计噪声阈值；符号 $\lfloor\ \rfloor$ 表示当值为正时取本身，否则取 0；ε 为小常量以避免分母为零；$\Delta\Phi_{no}(x,y)$ 为相位偏离函数[210]。

首先，按照式（11-8）对待分析的基准图区域进行相位一致性变换得到相位一致性特征图，然后在特征图基础上采用上述相关长度计算方法计算得到相位相关长度。

二、有效轮廓密度

为了解决边缘密度指标中重复率较高的琐碎边缘带来的错误估计问题，提出了一种有效轮廓密度指标。首先提取图像边缘，然后借助边界跟踪方法获取轮廓特征，进而生成轮廓链码，计算链码曲率极值与曲率角点，在曲率角点处截断，根据长度判断是否为有效轮廓特征，最后在有效轮廓特征图上采用边缘密度计算方法计算有效轮廓密度。有效轮廓密度更好地反映了景物主要特征，而且一定程度上避免了噪声以及重复率高的琐碎边缘干扰，流程如图 11-1 所示。

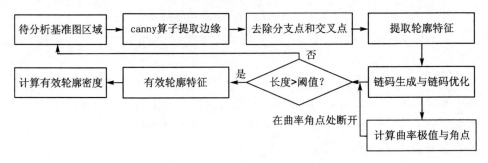

图 11-1　有效轮廓密度指标提取流程

首先采用 canny 算子提取边缘,如果直接采用边缘图像进行边界跟踪提取轮廓,轮廓图会受到琐碎边缘的影响,而且得到的轮廓链码复杂不单一,不方便使用。因此,进而对边缘图像进行两次去除交叉点和分支点的操作,得到较为单一平滑的轮廓曲线,交叉点和分支点如图 11 - 2 所示。

设一个点的周围 3×3 范围内,邻域像素按顺序表示为 $P_1 \rightarrow P_8$,那么交叉点可以定义为

$$\sum_{i=1}^{8} |P_i - P_{i+1}| = 8 \text{ ,其中 } P_9 = P_1 \tag{11-9}$$

分支点可以定义为

$$\sum_{i=1}^{8} |P_i - P_{i+1}| = 6 \text{ ,其中 } P_9 = P_1 \tag{11-10}$$

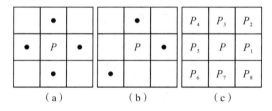

图 11 - 2　交叉点和分支点示意图
(a)交叉点;(b)分支点;(c)模板图

边界跟踪提取轮廓后,采用 8 向 Freeman 链码进行编码。Freeman 链码特征具有计算简洁和旋转不变的特点,对得到的链码 $\{a_1 a_2 \cdots a_n\}$ 按照下式优化:

$$\left.\begin{array}{l} b_1 = a_1 \\ b_i = q_i \quad (i = 2, 3, \cdots, n) \end{array}\right\} \tag{11-11}$$

式中,q_i 为使得 $q_i - a_i$ 被 8 整除的最小正整数。优化后得到的改进 Freeman 链码更加平滑,并且当图像旋转时,链码形状基本保持不变。然后采用高斯滤波进一步加以平滑。对得到的链码计算得到曲率,对于链码 $\{a_1 a_2 \cdots a_n\}$,第 i 点的曲率计算公式为

$$k_i = \max_{1 < j < 3\sigma} \{|a_{i-j} - a_{i+j}|, |a_{i-j} - a_{i+j-1}|\} \tag{11-12}$$

其中,σ 为提取边缘时的方差参数。在一条链码中,曲率大于某个阈值的点即为曲率角点。将边界跟踪得到的轮廓图在曲率角点处断开,选择长度大于一定阈值的线段,从而得到图像的有效轮廓特征图,如图 11 - 3 所示。从图中可以看

出,有效轮廓相对于边缘特征,能有效地反映图像中的主要景物特征,抑制了重复琐碎边缘,从而较为有效地解决了重复模式问题。对有效轮廓特征图采用式(11-3)边缘密度计算方法就可得到有效轮廓密度指标。

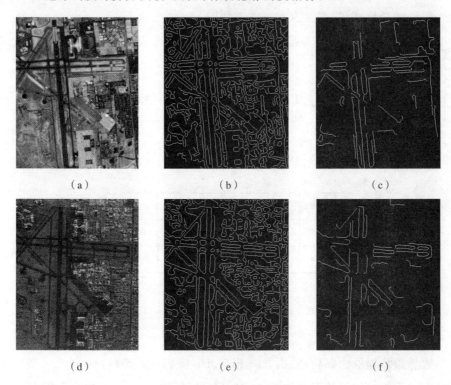

(a)   (b)   (c)
(d)   (e)   (f)

图 11-3 图像边缘和有效轮廓
(a)可见光图像;(b)可见光边缘;(c)可见光有效轮廓;
(d)SAR 图像;(e)SAR 图像边缘;(f) SAR 图像有效轮廓

三、多尺度融合边缘密度

在基准图适配指标选取过程中,一个必须注意的问题就是,指标选取最好与所选用的景象匹配算法相一致,这样适配性分析结果才会更有效。为此,采用不同尺度的 canny 算子对同一幅图像进行边缘检测,然后采用数据融合技术对检测的边缘进行融合,并对融合的结果进行细化提取边缘[211]。然后,按照式(11-3)计算即可得到多尺度融合边缘密度指标。

11.2　基于 CR‑DSmT 的适配性分析

在适配性分析中,任何单一指标都难以同时兼顾信息量、稳定性以及重复模式等标准,并且单个指标往往相互制约,相互依存。所以有必要融合多个指标的适配性分析结果以更好地做出决策。在常见的加权融合中,各个指标的权重难以自适应的给定,另外对于指标相互间的冲突和不确定也不能很好地处理,因此提出基于 CR‑DSmT 的多指标融合算法,其将基准图的适配性分析看作多个适配指标的融合推理过程,在同时包含冲突和不确定的 DSmT 框架下加以讨论。构建辨识框架 $\Theta = \{R, W\}$,其中,R 表示该区域适配,W 表示该区域不适配。首先对基准图采用多个指标进行适配性分析,然后对各指标的分析结果分别构造基本置信指派,采用 CR‑DSmT 组合规则对多个指标结果进行融合,最终根据判决规则做出该区域是否为适配区的判决,并输出适配指派 $m(R)$ 为适配因子。

在指标选取方面,为了能够更好地涵盖信息量、稳定性以及重复模式三个标准,选用相位相关长度、有效轮廓密度以及多尺度融合边缘密度三个指标。由于证据推理在多证据融合过程中,要求各个证据之间相互独立,而有效轮廓密度与多尺度融合边缘密度都是基于图像边缘的操作,具有一定的相关性,所以这里将二者结合构成一个指标,即先采取多尺度融合边缘测度方法提取边缘,然后进一步提取有效轮廓密度。

11.2.1　适配指标基本置信指派构造

一、相位相关长度置信指派构造

相位相关长度 L 的置信指派构建与景象匹配系统定位精度要求相关,即当精度要求误差 $\varepsilon < \varepsilon_0$ 时,认为定位结果正确,则当基准图某区域相关长度小于 ε_0 时,认为该区域为适配区,反之为非适配区。同时还应满足相位相关长度 L 越大,适配置信指派 $m_L(R)$ 越小,非适配置信指派 $m_L(W)$ 越大,反之则反。特别地,当 $L = \varepsilon_0$ 时,$m_L(R) = T_{\mathrm{suit}}$,其中 T_{suit} 为适配阈值;当 $L = 0$ 时,$m_L(R) = 1$。

相位相关长度 L 的置信指派构建约束规则可表示如下:

$$\left. \begin{array}{l} T_{\mathrm{suit}} \leqslant m_L(R) \leqslant 1,\ 0 < L \leqslant \varepsilon_0 \\ 0 \leqslant m_L(R) \leqslant T_{\mathrm{suit}} \leqslant,\ \varepsilon_0 < L \end{array} \right\} \qquad (11-13)$$

$$\left. \begin{array}{l} T_{\mathrm{suit}} \leqslant m_L(W) \leqslant 1,\ \varepsilon_0 < L \\ 0 \leqslant m_L(W) \leqslant T_{\mathrm{suit}} \leqslant,\ 0 < L \leqslant \varepsilon_0 \end{array} \right\} \qquad (11-14)$$

指数函数的特性比较满足相位相关长度的约束条件,因此可以对指数函数参数适当设定,按照式(11-17)构建相位相关长度 L 的基本置信指派,其中 $m_L(\Theta)$ 表示不确定置信指派:

$$m_L(R) = \exp\left(\frac{\ln T_{\text{suit}}}{\varepsilon_0} \cdot L\right) \tag{11-15}$$

$$m_L(W) = 1 - \exp\left(\frac{\ln T_{\text{suit}}}{\varepsilon_0} \cdot L\right) \tag{11-16}$$

$$m_L(\Theta) = T_{\text{suit}} \cdot [1 - m_L(R)] \cdot [1 - m_L(W)] \tag{11-17}$$

将所得到的置信指派值归一化以满足定义要求。

二、有效轮廓密度基本置信指标构造

有效轮廓密度指标 ρ_{edge} 置信指派构造约束条件与相关长度有所不同。当 $\rho_{\text{edge}} > T_\rho$ 时(T_ρ 为有效轮廓密度阈值),表示区域适配,并且 ρ_{edge} 值越大,适配置信指派 $m_L(R)$ 越接近于1;同时当 $\rho_{\text{edge}} < T_\rho$ 时,表示区域不适合匹配,并且 ρ_{edge} 值越小,适配置信指派 $m_L(R)$ 越接近于0;特别地,当 $\rho_{\text{edge}} = T_\rho$ 时,$m_\rho(R) = T_{\text{suit}}$。这里取 $T_\rho = \overline{\rho_{\text{edge}}}$,表示所有子区域有效轮廓密度指标的均值。

反正切函数的特性比较符合有效轮廓密度的构造条件要求,置信指派构造公式为

$$m_\rho(R) = \frac{T_{\text{suit}}}{\pi} \cdot \arctan(\rho_{\text{edge}} - \overline{\rho_{\text{edge}}}) + \frac{T_{\text{suit}}}{2} \tag{11-18}$$

$$m_\rho(W) = \frac{T_{\text{suit}}}{\pi} \cdot \arctan(\rho_{\text{edge}} - \overline{\rho_{\text{edge}}}) + \frac{T_{\text{suit}}}{2} \tag{11-19}$$

$$m_\rho(\Theta) = \frac{T_{\text{suit}}}{2} \cdot [1 - m_\rho(R)] \cdot [1 - m_\rho(W)] \tag{11-20}$$

同样,将所得到的置信指派值归一化以满足定义要求。

11.2.2　判决规则

按照上述方法分别构造指标基本置信指派后,采用文献[212]中的 CR-DSmT 组合规则进行融合,融合后根据下述规则对该区域是否适配进行判决。设定适配阈值 T_{suit},$0 < T_{\text{suit}} < 1$,根据组合导航系统对景象匹配可靠性要求设定。以景象匹配辅助惯性导航系统为例,当惯性导航系统累积误差较小、精度相对较高时,可以适当提高对景象匹配可靠性的要求,增大 T_{suit} 取值,只保留最可靠的区域进行景象匹配;而当惯性导航系统精度开始降低时,需要较多的景象匹配结果对惯导误差进行修正,则可以适当减小 T_{suit} 取值。设定 T_{suit} 后,符合下述规则即认为该区域为适配区,反之则为非适配区:

(1)$m(R) > T_{\text{suit}}$;

(2)$m(R)$ 与 $m(W),m(\Theta),m(R\cap W)$ 差值均大于某一阈值 T_1,表示对不同命题支持程度有足够大的差异;

(3)$m(\Theta)+m(R\cap W)<T_2$,表示不确定和冲突不能太大。

11.2.3 算法步骤

按照以上描述,算法流程如图 11-4 所示,具体步骤如下:

(1)对待分析的基准图区域进行相位一致性变换,计算相位相关长度,然后按照式(11-15)~式(11-17)构造相位相关长度基本置信指派;

(2)对待分析的基准图区域,融合多尺度边缘测度后提取边缘,进而提取有效轮廓特征,计算有效轮廓密度;计算所有区域有效轮廓密度后,得到密度均值 $\overline{\rho_{\text{edge}}}$;然后按照式(11-18)~式(11-20)分别构造该区域的有效轮廓密度基本置信指派;

(3)采用 CR-DSmT 组合规则融合两个指标的置信指派;

(4)根据判决规则对该区域是否为适配区作出判决;

(5)重复上述操作,遍历整幅数字基准图,$\overline{\rho_{\text{edge}}}$ 只需一次计算即可。

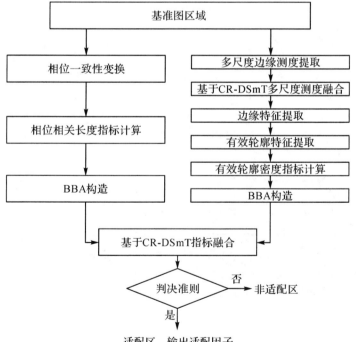

图 11-4 基于 CR-DSmT 的多指标融合适配性分析算法流程图

11.3　试验结果与分析

首先通过试验验证改进的相位相关长度指标对噪声鲁棒性的改善效果,然后验证基于 CR - DSmT 的多指标融合适配性分析算法的有效性。试验中采用的基准图为某机场的光学遥感图像,图像分辨率为 8 m/像素,选择子区域为 $41×41$ 像素,$\varepsilon_0 = 3$,$T_{\text{suit}} = 0.5$。

11.3.1　相位相关长度指标鲁棒性验证

为了验证相位相关长度对噪声的鲁棒性,对指标提取过程的自相关子区域分别增加不同强度的噪声,然后评价增加噪声后,相关长度指标发生变化的情况,并与常见的相关长度指标进行比较。图 11 - 5 给出了施加不同强度的光学基准图及对应的相位一致性特征图。从图中可以看出,由于相位一致性特征反映的是图像相位特征信息,对噪声和局部光照不敏感,所以当噪声强度增加时,相位一致性特征图反映的图像特征类似,图像差异不大。

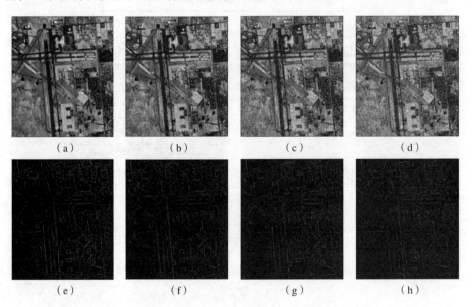

图 11 - 5　光学基准图相位一致性变换

(a)光学基准图;(b) 噪声方差($1×10^{-2}$);(c) 噪声方差($2×10^{-2}$);(d) 噪声方差($3×10^{-2}$);

(e)相位一致性特征图;(f)噪声方差($1×10^{-2}$);(g) 噪声方差($2×10^{-2}$);(h) 噪声方差($3×10^{-2}$)

　　为进一步验证指标的鲁棒性,分别在没有施加噪声时提取光学基准图的相关长度和相位相关长度指标,并认为长度不大于 2 的区域为适配区;然后对自相关子区域分别施加不同强度的高斯噪声,重新提取相关长度和相位相关长度指标并与没有施加噪声时候的适配区结果进行相似性度量,得到平均绝对差,度量公式如下:

$$\overline{d} = \frac{1}{N} \sum_{L_0(x_i, y_j) \leqslant 2} |L_\sigma(x_i, y_j) - L_0(x_i, y_j)| \qquad (11-21)$$

其中,N 为适配子区域总个数;$L_0(x_i, y_i)$ 表示没有噪声时以 (x_i, y_i) 为中心的子区域提取的相关长度或相位相关长度指标;$L_\sigma(x_i, y_i)$ 表示噪声方差为 σ 时以 (x_i, y_i) 为中心的子区域提取的相关长度或相位相关长度指标。显然,平均绝对差越小,说明适配分析结果对噪声干扰越鲁棒。

　　不同噪声强度下的平均绝对差见表 11.1,可以看出,当噪声方差从 1×10^{-2} 增大到 3×10^{-2} 时,相关长度指标的平均绝对差值迅速增大,而相位相关长度指标的平均绝对差值则相对较小,说明由于噪声干扰,导致相关长度指标分析得到的适配区域适配性发生了变化;而采用相位相关长度变化相对要小,当相关长度指标噪声方差大于 4×10^{-2} 以及相位相关长度指标噪声大于 5×10^{-2} 时,各自的指标平均绝对差均变化都趋缓,这并不是说明此时区域适配性趋于稳定,而是由于噪声过大,导致即使在适配区内,匹配精度严重下降,适配性分析结果已经基本失效。

表 11.1　不同噪声强度干扰时的指标平均绝对差

噪声强度	1×10^{-2}	2×10^{-2}	3×10^{-2}	4×10^{-2}	5×10^{-2}	6×10^{-2}
相关长度	0.803 5	1.322 9	1.585 9	1.697 7	1.711 4	1.715 6
相位相关长度	0.347 7	0.458 6	0.592 1	0.724 8	1.348 2	1.442 1

11.3.2　多指标融合适配性分析算法试验

　　图 11-6 给出了部分试验结果。图 11-6(a)(b)分别是边缘密度指标和有效轮廓密度指标构建的基本置信指派图,图中越亮的区域表示适配性越好。可以看出由于基准图整体边缘特征比较丰富,边缘密度指标对特征明显的轮廓和琐碎边缘难以区分,导致适配区和非适配区差别不明显,而有效轮廓密度指标则较为清晰地指示出机场主要干道作为适配区,排除了重复率高的琐碎边缘干扰;图 11-6(c)为相位相关长度指标构建的基本置信指派图,图中也较明显地指示了适配区域;图 11-6(d)采用 CR-DSmT 融合后的基本置信指派图像,两

个指标共同判定适配性好的区域更为显著。

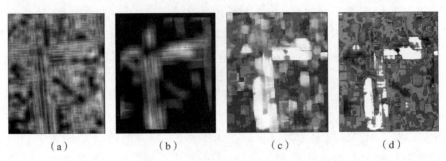

（a）　　　　　　（b）　　　　　　（c）　　　　　　（d）

图 11-6　适配性分析试验结果

（a）边缘密度指派；（b）有效轮廓密度指派；（c）相位相关长度指派；（d）融合指标指派

　　截取适配区域子图并施加不同强度的高斯噪声，在多种指标获得的适配区非适配区上进行匹配试验，以行列误差均小于 2 个像素作为正确匹配，正确匹配概率见表 11.2。可见，采用边缘密度指标分析得到的适配区由于难以区分重复率高的琐碎边缘，导致整体正确匹配概率偏低；采用相关长度指标当噪声强度较低时正确匹配概率尚可，随着噪声加大，匹配概率明显下降；采用本章算法，融合了相位相关长度和有效轮廓密度两个指标，更为准确地划分了适配区，相比采用其他两种指标的方法，获得了更高的正确匹配概率。

表 11.2　正确匹配概率随噪声强度变化结果

噪声方差	1×10^{-2}		2×10^{-2}		3×10^{-2}	
适配性	适配区	非适配区	适配区	非适配区	适配区	非适配区
相关长度	0.925	0.601	0.883	0.527	0.665	0.379
边缘密度	0.752	0.576	0.706	0.508	0.611	0.405
本文算法	0.985	0.586	0.954	0.517	0.890	0.385

11.4　结　　论

　　针对常见适配性分析指标存在的不足之处，本书首先改进并提出了相位相关长度、有效轮廓密度和多尺度融合边缘密度三个指标，然后提出了基于 CR-DSmT 的多指标融合适配性分析算法，算法中给出了各指标基本置信指派构造方法和判决准则。通过试验分别对相位相关长度的鲁棒性以及多指标融合适配性分析算法的有效性进行了验证。

参 考 文 献

[1] 干国强,邱致和. 导航与定位——现代战争的北斗星[M]. 北京:国防工业出版社,2000.

[2] 魏光顺. 无线电导航原理[M]. 南京:东南大学出版社,1989.

[3] 袁信,俞济祥,陈哲. 导航系统[M]. 北京:航空工业出版社,1993.

[4] 施航,闫莉萍,刘宝生,等. 景象匹配辅助的 GPS/SINS 组合导航算法[J]. 清华大学学报:自然科学版,2008,48(7):1182 - 1185.

[5] 马芮,董景新. GNSS/MIMU 组合导航技术综述[J]. 飞航导弹,2007(04):42 - 46.

[6] Carr JR,Sobek JS. Digital Scene Matching Area Correlator(DSMAC)[J]. SPIE Image Processing for Missile Guidance,1980,238:36 - 41.

[7] Reed CG,Hogan JJ. Range Correlation Guidance for Cruise Missiles[J]. IEEE Transcations on Aerospace and Electronic Systems,1979,15(4):547 - 554.

[8] Venkatesan R,Sastry R,Ranganathan N. A VLSI Architecture for Hierarchical Scene Matching[M]. Netherlands The Hague,1992:214 - 217.

[9] Ranganathan N,Sastry R,Venkatesan R,et al. SMAC:A Scene Matching Chip[M]. Cambridge:MA,1993:184 - 187.

[10] B. Johnson,et al. University of Florida Autonomous Micro Air Vehicle System,Proc [C]. 2nd US - European Competition & Workshop on Micro Air Vehicles,Eglin Air Force Base,Shalimar,FL,October 30 — November 2,2006.

[11] Diel David D,Debitetto Paul,Teller Seth. Epipolar Constraints for Vision - Aided Inertial Navigation[J]. Application of Computer Vision,2005,2:221 - 228.

[12] Kong W Y,Egan G K,Cornall T. Feature Based Navigation for UAVs[J]. IEEE/RSJ International Conference on Intelligent Robots & Systems,2006:3539 - 3543.

[13] Sim D G,Jeong S Y,Lee D H,et al. Hybrid Estimation of Navigation Parameters from Aerial Image Sequence[J]. IEEE Transactions on Image Processing,1999,8(3):429 - 435.

[14] Dong - Gyu Sim,Rae - Hong Park,Rin - Chul Kim,et al. Integrated position estimation using aerial image sequences[J]. IEEE Transactions on Pattern Analysis and Machine Intelligence,2002,24(1):1 - 18.

[15] Piotr Rudol,Mariusz Wzorek,Patrick Doherty. Vision - based Pose Estimation for Autonomous Indoor Navigation of Micro-scale Unmanned Aircraft Systems[C]. IEEE International Conference on Robotics and Automation,IEEE,2010.

[16] Conte G,Doherty P. An Integrated UAV Navigation System Based on Aerial Image

Matching[J]. IEEE Aerospace Conference，2008：1－10.

[17] Long Zhao，Qingyun Wang. Design of an Attitude and Heading Reference System Based on Distributed Filtering for Small UAV[J]. Mathematical Problems in Engineering，2013：1－9.

[18] 熊智,冷雪飞,刘建业. 基于北斗双星定位辅助的 SAR/INS 组合导航系统研究[J]. 宇航学报，2007 (1):88－93.

[19] 冷雪飞,刘建业,熊智. 基于分支特征点的导航用实时图像匹配算法[J]. 自动化学报,2007,33(7):678－682.

[20] 刘建业,冷雪飞,熊智,等. 惯性组合导航系统的实时多级景象匹配算法[J]. 航空学报,2007,28(6):1401－1407.

[21] 熊智,李明星,冷雪飞,等. 景象匹配/惯性组合导航精确修正算法[J]. 中国惯性技术学报,2007,15(5):564－567.

[22] 冷雪飞. 基于图像特征的景象匹配辅助导航系统中的关键技术研究[D]. 南京：南京航空航天大学，2007.

[23] 杨卫东,张天序,王新赛,等. 地面起伏对雷达景象匹配定位性能影响的分析[J]. 红外与激光工程,2003,32(3),304－308.

[24] 桑农,张天序,李巍,等. 基于区域知识的快速匹配定位算法[J]. 华中理工大学学报，1996(3):80－82.

[25] 田金文,柳健,张天序. 基于模糊信息理论的景象匹配方法[J]. 红外与激光工程，1998,27(3):28－31.

[26] 于秋则,程辉,柳健,等. 基于改进 Hausdorff 测度和遗传算法的 SAR 图像与光学图像匹配[J]. 宇航学报,2006,27(1):130－134.

[27] 韩先锋,李俊山,孙满囤. 一种新的选取最佳景象匹配区准则[J]. 微电子学与计算机,2004,21(12):149－153.

[28] 郭文普,孙继银,何芳芳,等. 基于数据库的景象匹配适应性分析平台[J]. 红外与激光工程,2006,35(6):738－741.

[29] 刘婧,孙继银,朱俊林,等. 蒙特卡罗估计改进 Hausdorff 距离的景象匹配方法[J]. 红外与激光工程,2008,37(2):289－291.

[30] 苏康,关世义,柳健. 一种实用的归一化互相关景象匹配算法[J]. 宇航学报,1997(3):1－7.

[31] 安如,王慧麟. 图像匹配制导技术研究[C]// 全国图像图形学学术会议. 南京：[出版者不详]，2006.

[32] 郭勤. 景象匹配技术发展概述[J]. 红外与激光工程:增刊,2007,36(S2):57－61.

[33] Brown L G. A survey of image registration techniques[J]. ACM Computing Surveys，1992,24(4):325－376.

168

[34] Zitova Barbara，Flusser Jan. Image registration methods：a survey[J]. Image and Vision Computing，2003，21(11)：977－1000.

[35] 孙仲康，沈振康. 数字图像处理及其应用[M]. 北京：国防工业出版社，1985.

[36] Barnea D I，Silverman H F. A Class of Algorithm for Fast Digital Image Registration [J]. IEEE Transactions on Computers，1972，21(2)：179－186.

[37] Viola P，Wells Iii W M. Alignment by Maximization of Mutual Information[J]. International Journal of Computer Vision，1997，24：137－154.

[38] 孙卜郊，刘扬，朱恒伟，等. 异类图匹配方法研究[J]. 红外与激光工程：增刊，2008，37 (6)：301－305.

[39] Anuta P E. Spatial Registration of Multispectral and Multitemporal Digital Imagery Using Fast Fourier Transform Techniques[J]. IEEE Transactions on Geoscience Electronics，1970，8(4)：353－368.

[40] Kuglin F P. The Phase Correlation Image Alignment Method[M]. [S. l.]：[s. n.] 1975：163－165.

[41] Meng Fei，Yang Xiaogang，Sun Peng，et al. A Novel Filtering and Fusion Algorithm for Sequence Image Matching Navigation[J]. Congress on Image & Signal Processing，2008，4：668－671.

[42] 高世海，戴文刚，田仲. 空域和频域相结合的景象匹配算法[J]. 中国图像图形学报，2000，5(4)：345－348.

[43] 冯桂，卢健，林宗坚. 图像直方图不变特征在影像匹配定位中的应用[J]. 计算机辅助设计与图形学学报，2000，12(2)：146－149.

[44] 王鲲鹏，尚洋，于起峰. 影像匹配定位中的直线倾角直方图不变矩法[J]. 计算机辅助设计与图形学学报，2009(03)：389－393.

[45] 单宝明. 基于局部不变特征的直方图相关匹配方法[J]. 青岛科技大学学报，2008，29 (2)：175－177.

[46] Guilin Zhang，Ming Jiang，Ruolan Hu. A New Image Matching Method based on Principal Analysis[J]. Process Control and Inspection for Industry，2000：337－340.

[47] 邓志鹏，杨杰，全勇. 结合特征和时空关联的稳健图像匹配方法[J]. 红外与毫米波学报，2003，22(6)：447－450.

[48] 安如. 基于角点特征的飞行器导航图像匹配算法研究[D]. 南京：南京大学，2005.

[49] 张绍明，陈鹰，林怡. SAR 图像与光学图像多子区鲁棒匹配算法[J]. 同济大学学报：自然科学版，2009，37(1)：121－125.

[50] 刁灿，王英勋，王金提，等. 无人机自动着陆中的机器视觉辅助技术[J]. 航空学报：增刊，2008，29(S1)：79－84.

[51] 王靖，朱梦宇，赵保军，等. 基于小波和改进型 Hausdorff 距离的遥感图像配准方法

[J]. 电子学报,2006,34(12):2167 - 2169.

[52] 刘煜,李言俊,张科. 飞行器下视景像边缘提取和定位方法研究[J]. 中国图象图形学报,2008,13(11):113 - 118.

[53] Lee H, Park R H. Relaxation Algorithm for Shape Matching of Two Dimensional Objects[J]. Pattern Recognition Letter,1989,10(5):309 - 313.

[54] 彭曙蓉,王耀南,刘国才. 基于边缘提取和改进型整体松弛匹配算法的 InSAR 复图像配准方法[J]. 测绘学报,2007,36(1):62 - 66.

[55] Gang Hong, Yun Zhang. Combination of Feature-based and Area-based Image Registration Technique for High Resolution Remote Sensing Image[J]. IEEE International Geoscience & Remote Sensing Symposium, 2007: 377 - 380.

[56] Chang Shih - Hsu, Cheng Fang - Hsuan, Hsu Wen - Hsing,et al. Fast Algorithm for Point Pattern Matching:Invariant to Translations, Rotations and Scale Changes[J]. Pattern Recognition,1997,30(2):311 - 320.

[57] 冯林,张名举,贺明峰,等. 基于粒子群优化技术的点匹配算法[J]. 系统仿真学报,2004,16(8):1686 - 1688.

[58] Huttenlocher D P, Klanderman G A, Ruchlidge W J. Comparing images using the Hausdorff distance[J]. IEEE Transactions on Pattern Analysis And Machine Intelligence,1993,15(9):850 - 863.

[59] Dubuisson M P, Jain A K. A modified Hausdorff distance for object matching[J]. Jerusalem,1994:566 - 568.

[60] Zhao Chunjiang, Shi Wenkang, Deng Yong. A New Hausdorff Distance for Image Matching[J]. Pattern Recognition Letters,2005,26(5):581 - 586.

[61] Yu S S, Tsai W H. Relaxation by the Hopfield Neural Network[J]. Pattern Recognition,1992,25(2):197 - 209.

[62] 沈未名,张祖勋,张剑清. 基于神经网络的图像匹配概率松弛算法[J]. 武汉测绘科技大学学报,1996,21(3):247 - 251.

[63] 桑农,张天序,魏洛刚. 松弛匹配算法的神经网给实现[J]. 通信学报,1996,17(2):52 - 56.

[64] Fangfang He, Jiyin Sun, Wenpu Guoet al. Using Direction of Longest Line Segment for Aerodrome Forward-looking Scene Matching[J]. International Conference on Electronic Measurement & Instruments, 2007:2, 561 - 520.

[65] Chen Jingying, Guo Zuomin, Tan Paulet al. Robust Scene Matching Using Line Segments[J]. Photonics Asia, 2002, 4925:46 - 54.

[66] Eugenio F, Marcello J, Marques F. An Automated Multisensor Satellite Imagery Registration Technique Based on the Optimization of Contour Features[J]. IEEE

International Geoscience & Remote Sensing Symposium，2004，2(2)：1410 - 1413.

[67] Hui Li，Manjunath B S，Mitra S K. A Contour - based Approach to Multisensor Image Registration[J]. IEEE Transactions on Image Processing，1995，4(3)：320 - 334.

[68] 李书晓，常红星. 新的航空图像道路检测与跟踪算法[J]. 北京航空航天大学学报，2007(04)：445 - 449.

[69] 贾承丽，赵凌君，吴其昌，等. 基于遗传算法的 SAR 图像道路网检测方法[J]. 计算机学报，2007，30(7)：1186 - 1194.

[70] 于秋则，田金文，柳健. 基于边缘正则化小波描述的多传感器图像自动配准研究[J]. 信号处理，2005，21(1)：35 - 40.

[71] Yu Qiuze，Tian Jinwen，Liu Jian. Automatic Multisensor Image Registration Using Wavelet Transform[J]. International Conference on Signal Processing，2002，1(1)：616 - 619.

[72] Shekhar Chandra，Govindu Venu，Chellappa Rama. Multisensor Image Registration by Feature Consensus[J]. Pattern Recognition，1999，32(1)：39 - 52.

[73] Chen Chinsheng，Yeh Chunwei，Yin Pengyeng. A Novel Fourier Descriptor Based Image Alignment Algorithm for Automatic Optical Inspection[J]. Journal of Visual Communication and Image Representation，2009，20(3)：178 - 189.

[74] Medioni G，Nevatia R. Matching Images Using Linear Features[J]. IEEE Transactions on Pattern Analysis and Machine Intelligence，1984，6：675 - 685.

[75] Cucka P，Rosenfeld A. Linear Feature Compatibility for Pattern Matching Relaxation [J]. Pattern Recognition，1990，23(1 - 2)：81 - 94.

[76] 苏娟，林行刚，刘代志. 一种基于结构特征边缘的多传感器图像配准方法[J]. 自动化学报，2009，35(3)：251 - 257.

[77] Wang Wenhao，ChenYung chang. Image Registration by Control Points Pairing Using the Invariant Properties of Line Segments[J]. Pattern Recognition Letters，1997，18(3)：269 - 281.

[78] Yang Jing，Qiu Jiang，Wang Yanfei，et al. Feature - based Image Registration Algorithm Using Invariant Line Moments[J]. ACTA PHOTONICA SINICA，2003，32 (9)：1114 - 1117.

[79] 刘贵喜，刘冬梅，刘凤鹏，等. 一种稳健的特征点配准算法[J]. 光学学报，2008，28 (03)：455 - 461.

[80] Bentoutou Youcef，Taleb Nasreddine，Kpalma Kidiyo，et al. An Automatic Image Registration for Applications in Remote Sensing[J]. IEEE Transactions On Geoscience and Remote Sensing，2005，43(9)：2127 - 2137.

[81] 徐建斌，洪文，吴一戎. 一种基于 Zernike 矩和稳态遗传算法的遥感图像匹配方法[J].

无人机系统研究与应用出版工程

电子与信息学报,2005,27(6):924-927.

[82] Hwang Sunkyoo, Billinghurst Mark, Kim Whoiyul. Local Descriptor by Zernike Moments for Real-time Keypoint Matching[J]. Congress on Image & Signal Processing, 2008, 2: 781-785.

[83] 安萌,姜志国. 弹上下视景象目标快速匹配的技术实现[J]. 系统工程与电子技术, 2008,30(11):114-117.

[84] 杨朝辉,陈鹰,邵永社,等. 基于 SIFT 特征的合成孔径雷达景象匹配方法[J]. 计算机应用,2008,28(9):2404-2406.

[85] Lowe David G. Distinctive Image Features from Scale-Invariant Keypoints[J]. International Journal of Computer Vision,2004,60(2):91-110.

[86] Alhichri H S, Kamel M. Virtual Circles: A New Set of Features for Fast Image Registration[J]. Pattern Recognition Letters, 2003,2:24-1181.

[87] 刘小军,杨杰,凌建国,等. 一种增量符号相关的景象匹配方法[J]. 红外与激光工程, 2006,35(6):732-737.

[88] 王立,李言俊,张科. 对数极坐标变换识别算法在成像制导中的应用[J]. 宇航学报, 2005,26(3):330-333.

[89] 李富裕. 非均匀性映射变换技术在景象匹配相关器研究中的应用[D]. 西安:西北工业大学,2007.

[90] 王敬东,徐亦斌,沈春林. 一种新的任意角度旋转的景象匹配方法[J]. 南京航空航天大学学报,2005,37(1):6-10.

[91] Zhao Feng, Huang Qingming, Gao Wen. Image Matching by Multiscale Oriented Corner Correlation [M]: Berlin:Springer-Verlag,2006: 928-937.

[92] 周振环,赵明. 基于不变矩景象匹配算法[J]. 计算机工程,2007,33(22):203-205.

[93] He Fangfang, Sun Jiyin, Guo Wenpu, et al. Forward-looking Scene Matching with RST Invariant Conformation Based on Fourier-mellin Transform[C]. 2007 International Conference on Wavelet Analysis and Pattern Recognition, 2007: 157-162.

[94] 秦琴,柴震海,傅艳红,等. 基于三值振幅-位相滤波器的红外景象匹配算法[J]. 红外与毫米波学报,2005,24(6):477-480.

[95] 王岩松,阮秋琦. 基于最小二乘互相关算法的图像定位匹配研究[J]. 通信学报, 2003,24(09):80-86.

[96] 周志强,陈哲. 贝叶斯景象匹配技术[J]. 北京航空航天大学学报,1999,25(3): 337-341.

[97] Sjahputera Q, Keller J M, Matsakis P. Scene Matching by Spatial Relationships[J]. Fuzzy Information Processing Society, Nafips International Conference of the North American, 2003: 149-154.

[98]　黄锡山,陈慧津,等.影像匹配误匹配点的剔除算法[J].中国图象图形学报:A辑,2002,7(8):783－787.

[99]　翁璐斌,田原,王彦情,等.复杂地形下基于三视约束的景象匹配方法[J].航空学报,2008,29(5):203－211.

[100]　杨敏,沈春林.基于对极几何约束的景象匹配研究[J].南京航空航天大学学报,2004,36(2):235－239.

[101]　王永明.连续景象匹配的后处理算法[J].宇航学报,2004,25(5):535－540.

[102]　熊智,熊卫东,冷雪飞,等.景象匹配辅助导航中多级实时匹配算法研究[J].系统工程与电子技术,2007,29(6):926－930.

[103]　Sjahputera O,Keller J M. Particle Swarm Over Scene Matching[J]. Swarm Intelligence Symposium,2005:108－115.

[104]　李伟,沈振康,李飚.基于蚁群算法的景象匹配定位[J].红外与激光工程,2008,37(2):282－284.

[105]　W. Johnson M. Analytical development and test results of acquisition probability for terrain correlation devices used in navigation systems[C]. Aerospace Sciences Meeting,2013.

[106]　Ratkovic Joseph A,Blackwell Frederick W,Bailey H. H. et al. Estimation Techniques and Other Work on Image Correlation[R]. 1977:D2A－D46577A.

[107]　沈林成,卜彦龙,徐昕,等.景象匹配辅助组合导航中景象区域适配性研究进展[J].航空学报,2010,31(3):553－563.

[108]　卜彦龙.面向INS/SAR组合导航的SAR景象区域适配性研究[D].北京:国防科技大学,2009.

[109]　张国忠,沈林成,常文森.基于知识的景象适配性分析决策系统[J].计算机工程与应用,2006,42(28):211－213.

[110]　程华,田金文.基于双近邻模式和最小二乘支持向量机的SAR景象匹配区选[J].宇航学报,2009(4):1619－1625.

[111]　杜菁,张天序.景象匹配区的选择方法[J].红外与激光工程,2003,32(4).

[112]　曹治国,马怡伟,邹腊梅,等.基于特征的景象匹配置信度融合计算[J].华中科技大学学报:自然科学版,2004,32(9):18－20.

[113]　杨小冈,曹菲,缪栋,等.基于序列图像匹配算法的匹配概率估计[J].计算机工程,2007,33(20).

[114]　韩先锋,李俊山,孙满囤,等.巡航导弹景象匹配算法适应性研究[J].微电子学与计算机,2005,22(7):53－57.

[115]　曹国,杨新.基于Gabor滤波器与支持向量机的景像匹配概率估计方法[J].上海交通大学学报,2006,40(3):485－489.

[116] 李俊,杨新,杨莉. 基于简化 Mumford - Shah 模型的导航基准图适配区分割方法
[J]. 自动化学报,2004,30(1):45 - 54.

[117] 杨昕,杨新. 匹配概率估计方法[J]. 红外与激光工程,2003,32(3):231 - 233.

[118] 张国忠,关世义,等. 互相关景象匹配系统的正确匹配概率研究[J]. 宇航学报,
2002,23(1):30 - 33.

[119] Xiao Yijun, Ding Mingyue, Zhou Chengping. Matching Suitability Analysis of Refer-
ence Map for Scene Matching Based Navigation[J]. Proceeding of SPIE,1998,3545:
100 - 103.

[120] 刘扬,金善良,等. 景象匹配正确定位概率的实验研究[J]. 宇航学报,2001,22(6):
91 - 94.

[121] 王刚,倪伟,段晓君,等. 基于独立象元数计算的景象匹配精度分析方法[J]. 宇航学
报,2007,28(6):1698 - 1703.

[122] 王刚,段晓君,王正明. 基于图像区域相关的景象匹配概率与精度研究[J]. 宇航学
报,2009,30(3):1237 - 1242.

[123] 王晓静,徐大新,等. 用于信号、图像和景象匹配的特征区选择方法[J]. 红外与激光
工程. 2002,31(5):378 - 382.

[124] 张国忠,王征,蒋秀峰,等. 基于离散分数布朗随机场模型的景象适配性分析方法
[J]. 宇航学报,2004,25(1):20 - 23.

[125] 张涛. 基于分形特征的景象适配性分析[D]. 北京:国防科技大学,2006.

[126] Yabin Xie, Wanqing Zhang, Yulin Jia. Analysis of Similarity - Pattern in Scene -
Matching[J]. Infrared and Laser Engineering,1997,6(1).

[127] 江标初,陈映鹰. 层次景象匹配区选取准则[J]. 同济大学学报:自然科学版,2007,
35(6).

[128] Pang Shaoning, Kim Hyunchul, Kim Daijin,et al. Prediction of the suitability for
image - matching based on self - similarity of vision contents[J]. Image and Vision
Computing,2004,22(5):355 - 365.

[129] 李晓雷. 景象匹配末制导系统的关键技术研究[D]. 北京:国防科学技术大学,2008.

[130] 罗海波,常铮,余新荣,等. 采用多特征融合的自动适配区选择方法[J]. 红外与激光
工程,2011,40(10):2037 - 2401.

[131] Zhang Guozhong, Shen Lincheng. Rule - Based Expert System for Selecting Scene
Matching Area[J]. Intelligent Control and Automation,2006,344:546 - 553.

[132] 陈建祥,桑农. 一种实用的边缘强度互相关匹配可信度分析方法[J]. 宇航学报,
2005,26(6):722 - 725.

[133] Yang Zhaohui, Chen Ying, Qian Xinqiang, et al. Predicting the suitability for scene
matching using SVM[J]. International Conference on Audio, 2008:743 - 747.

[134] 卜彦龙,李洪俊,张国忠,等. 面向 SAR 匹配辅助导航的景象区域适配性[J]. 光学精密工程,2010(03):692 - 700.

[135] Mccartney Earl J. Optics of Atmosphere:Scattering by Molecules and Particles[M]: New York:John Wiley and Sons,1976.

[136] Duntley Seibert Q. The reduction of apparent contrast by the atmosphere[J]. Journal of the Optical Society of America,1948,38(2):179 - 187.

[137] 周浦城,薛模根,张洪坤,等. 利用偏振滤波的自动图像去雾[J]. 中国图象图形学报,2011,16(7):1178 - 1183.

[138] Narasimhan Srinivasa G,Nayar Shree K. Contrast restoration of weather degraded images[J]. IEEE Transactions on Pattern Analysis and Machine Intelligence,2003, 25(6):713 - 724.

[139] Narasimhan Srinivasa G,Nayar Shree K. Vision and the atmosphere[J]. International Journal on Computer Vision,2002,48(3):233 - 254.

[140] He Kaiming,Sun Jian,Tang Xiaoou. Single Image Haze Removal Using Dark Channel Prior[J]. IEEE Transactions on Pattern Analysis & Machine Intelligence,2010, 33(12): 2341 - 2353.

[141] Harris Chris,Stephens Mike. A combined corner and edge detector[J]. Proc Alvey Vision Conf,1988(3): 147 - 151.

[142] Kang Xin,Han Chongzhao,Yang Yiet al. SAR image edge detection by ratio - based Harris method[M]. Toulouse. 2006.

[143] 匡纲要,高贵,蒋咏梅,等. 合成孔径雷达目标检测理论、算法及应用[M]. 长沙:国防科技大学出版社,2007.

[144] Touzi Ridha,Lopes Armmand,Bousquet Pierre. A Statistical and Geometrical Edge Detector for SAR Images[J]. IEEE Transactions on Geoscience and Remote Sensing, 1998,26(6):764 - 773.

[145] Sim Donggyu,Kwon Ohkyu,Park Raehong. Object matching using robust Hausdorff distance measures[J]. IEEE Transactions on Image Processing,1999,8(2):425 - 429 .

[146] Tan Huachun,Zhang Yujin. A novel weighted Hausdorff distance for face localization[J]. Image and Vision Computing,2006,24:656 - 662.

[147] Guo Baofeng,Lam Kin man,Lin Kwan ho,et al. Human face recognition based on spatially weighted Hausdorff distance [J]. Pattern Recognition Letters,2003,24 (1 - 3):499 - 507.

[148] Huttenlocher D P,Rucklidge W J,Klanderman G A. Comparing Images Using the Hausdorff Distance Under Translation[C]//Proceedings 1992 IEEE Computer Society Conference on Computer Vision and Pattern Recognition,Washington,DC,USA,

无人机系统研究与应用出版工程

1992:654 - 656.

[149] Azencott R, Durbin F, Paumard J. Multiscale identification of building in com-
       pressed large aerial scenes[M]. Washington, DC, USA. 1996.

[150] Lu Y, Tan C L, Huang W, et al. An approach to word image matching based on
       weighted Hausdorff distance[J]. International Conference on Document Analysis &.
       Recognition, 2001:921 - 925.

[151] Zhu Zhenfeng, Tang Ming, Lu Hanqing. A New Robust Circular Gabor based Ob-
       ject Matching by Using Weighted Hausdorff Distance[J]. Pattern Recognition Let-
       ters,2004,25:515 - 523.

[152] Yang Chyuan - Huei Thomas, Lai Shang - Hong, Chang Long - Wen. Robust Face
       Image Matching under Illumination Variations[J]. EURASIP Journal Applied Signal
       Processing,2004,2004(16):2533 - 2543.

[153] Ackermann F. Digital Image Correlation: Performance and Potential Application in
       Photogrammetry[J]. Photogrammetric Record,1984,11(64):1687 - 1703.

[154] 李弼程,彭天强,彭波. 智能图像处理技术[M]. 北京:电子工业出版社,2004.

[155] 张祖勋,张见清. 数字摄影测量学[M]. 武汉:武汉测绘科技大学出版社,1996.

[156] 范俐捷,高鑫,王岩飞,等. 一种快速多模态图像匹配导航方案[J]. 电子与信息学
       报,2008,30(12):2876 - 2880.

[157] Morrone M C, Owens R A. Feature Detection from Local Energy[J]. Pattern Rec-
       ognition Letters,1987,6(5):303 - 313.

[158] Choi Min - Seok, Kim Whoi - Yul. A Novel Two Stage Template Matching Method for
       Rotation and Illumination Invariance[J]. Pattern Recognition,2002,35(1):119 - 129.

[159] Khotanzad A, Hong Y H. Invariant Image Recognition by Zernike Moments[J]. IEEE
       Transactions on Pattern Analysis and Machine Intelligence,1990,12(5):489 - 497.

[160] Revaud Jerome, Lavoue Guillaume, Baskurt Atilla. Improving Zernike Moments
       Comparison for Optimal Similarity and Rotation Angle Retrieval[J]. IEEE Transac-
       tions on Pattern Analysis and Machine Intelligence,2009,31(4):627 - 636.

[161] Owens R A, Venkatesh S, Ross J. Edge Detection is A Projection[J]. Pattern Rec-
       ognition Letters. 1989,9:223 - 244.

[162] Kovesi Peter. Image Features From Phase Congruency[J]. Videre: A Journal of
       Computer Vision Research,1999,1(3):1 - 6.

[163] Field D J. Relations Between the Statistics of Natural Images and the Response Prop-
       erties of Cortical Cells[J]. Journal of Optical Society of America,1987,4(12):2379 -
       2394.

[164] Ying Na. The Real Time Scene Matching Algorithm for Railcar Aided Navigation

[J]. Software Engineering,2009,2:524－527.

[165] Yang Xiaogang，Meng Fei，Hu Liyong,et al. Real－Time Image Geometric Rectification for Scene Matching Based on Aircraft Attitude[J]. Computer Science and Computational Technology,2008,1(20－22):805－808.

[166] Shi－Xue Tsai. Introduction to the scene matching missile guidance technologies[J]. Information acquisition,1998,23(3):63－70.

[167] 熊智,刘建业,冷雪飞. 景象匹配辅助导航系统中的精确图像匹配算法研究[J]. 宇航学报,2006,27(4):680－685.

[168] Mallat S G. A Theory for Multiresolution Signal Decomposition：A Wavelet Representation[J]. IEEE Transactions on Pattern Analysis and Machine Intelligence,1989,11(7):674－693.

[169] 张登荣,俞乐. 点特征和小波金字塔技术的遥感图像快速匹配技术[J]. 浙江大学学报:理学版,2007(4):465－468.

[170] 潘泉,张磊. 小波滤波方法及应用[M]：北京：清华大学出版社,2005.

[171] Sjahputera O，Keller J M. The particle swarm over scene matching[J]. Swarm Intelligence Symposium，2005：108－115.

[172] Brown M，Lowe. D G. Automatic panoramic image stitching using invariant features [J]. International Journal of Computer Vision,2007,74(1):59－73.

[173] Mikolajczyk Krystian，Schmid Cordelia. A Performance Evaluation of Local Descriptors[J]. IEEE TRANSACTIONS ON PATTERN ANALYSIS AND MACHINE INTELLIGENCE,2005,27(10).

[174] H Bay，A Ess，T Tuytelaars. Speeded－up robust features (SURF) [J]. Computer Vision and Image Understanding,2008,7(3):346－359.

[175] C Oconaire，M Blighe，N Oconno. Sense Cam image localisation using hierarchical SURF trees[J]. Springer Verlag Berlin Heidelberg,2009,9(1):15－26.

[176] D Gossow，J Pellenz，D. Paulus. Danger sign detection using color histograms and SURF matching[C]. 2008 IEEE International Workshop on Safety，Security and Rescue Robotics，Tohoku，Japanese，2008：13－18.

[177] Zhanyu Zhang，Yalou Huang，Chao Li. Monocular vision simultaneous localization and mapping using SURF[J]. World Congress on Intelligent Control & Automation，2008：1651－1656.

[178] Z Hong. Algebraic feature extraction of image for recognition[J]. Pattern Recognition,1991,24(3):211－219.

[179] C Klemav，J Laub A. Singular value decomposition:its computation and some applications[J]. IEEE Trans－actions on Automatic Control,1980,25(2):164－176.

[180] 甘俊英,张有为. 一种基于奇异值特征的神经网络人脸识别新途径[J]. 电子学报,
       2004,32(1):170-173.

[181] Meyer Y. Wavelets and operators [M]. Cambridge: Cambridge Univerisity
       Press, 1993.

[182] Mallat S. A theory for multi-resolution signals decomposition: the wavelet repre-
       sentation[J]. IEEE Transactions On Pattern Analysis And Machine Intelligence,
       1989,11(7):674-693.

[183] 凌志刚,潘泉,张绍武,等. 一种基于边缘测度的加权 Hausdorff 景象匹配方法[J].
       宇航学报,2009,30(4):1633-1638.

[184] 王红梅,李言俊,张科. 一种基于 Contourlet 变换的图像匹配算法[J]. 宇航学报,
       2008,29(5):1643-1647.

[185] 殷飞,桑农,等. 一种新的序列图像匹配定位算法[J]. 红外与激光工程,2001,
       30(6):422-425.

[186] 王永明. N帧连续景象匹配一致性决策算法[J]. 计算机学报,2005,28(6):1032-1035.

[187] 杨小冈,曹菲,缪栋,等. 基于 WMF 与 LSE 的序列图像匹配制导滤波融合算法[J].
       系统工程与电子技术,2007,29(8):1362-1365.

[188] 王云丽,张鑫,高超等. 航拍视频拼图中基于特征匹配的全局运动估计方法[J]. 航
       空学报,2008,29(5):1218-1225.

[189] 李静,杨涛,潘泉,等. 基于不变特征的运动视频序列自动配准算法[J]. 中国图象图
       形学报,2008,13(02):335-344.

[190] Fischler M A, Bolles R C. Random Sample Consensus: A Paradigm for Model Fit-
       ting with Applications to Image Analysis and Automated Cartography[J]. Communi-
       cations of ACM, 1981,24:381-395.

[191] Hartley R, Zisserman A. Multiple View Geometry in Computer Vision[M]. 2nd.
       Cambridge: Cambridge University Press. 2004.

[192] R Missaoui, M Sarifuddin, J Vaillancout. Similarity measures for efficient content-
       based image retrieval[J]. IEE Proceedings: Vision, Image and Signal Processing,
       2005,152(6):875-887.

[193] Mentzelopoulos Markos, Psarrou. Alexandra. Key-frame extraction algorithm using
       entropy difference[J]. Acm Sigmm International Workshop on Multimedia Informa-
       tion Retrieval, 2004: 39-45.

[194] Evensen Geir. The Ensemble Kalman Filter: theoretical formulation and practical im-
       plementation[J]. Ocean Dynamics,2003,53:343-367.

[195] P Capel D. Image mosaicing and super-resolution [M]. London: Springer-Verlag
       Press,2004.

[196] R Bergen J，P Anadan，K Hanna，et al. Hierarchical mode-based motion estimation [J]. Lecture Notes in Computer Science，1992，11(12)：237 – 252.

[197] M Irani，P Anandan. All about direct methods[M]. [S. l.]：[s. n.]，1999：267 – 277.

[198] Steder B，Grisetti G，Stachniss C,et al. Visual SLAM for Flying Vehicles[J]. IEEE Transactions on Robotics,2008,24(5):1088 – 1093.

[199] H. Durrant Whyte，Bailey T. Simultaneous Localization and Mapping（SLAM）：Part I The Essential Algorithms[J]. Robotics and Automation，2006，13(2)：99 – 110.

[200] Davison A J，Cid Y G，Kita N. Real-Time 3D SLAM with Wide-Angle Vision [C]// 5th IFAC/EURON Symposium on Intelligent Autonomous Vehicles Instituto Superior Técnico，Lisboa，Portugal July 5 – 7，2004.

[201] Eade Ethan，Drummond Tom. Edge landmarks in monocular SLAM[J]. Image and Vision Computing,2009,27(5):588 – 596.

[202] 陶辉，吴怀宇，程磊，等. 基于特征地图的移动机器人 EKF – SLAM 和 FastSLAM 算法自主导航研究[J]. 北京联合大学学报：自然科学版，2010(02):18 – 24.

[203] Eustice R M，Pizarro O，Singh H. Visually Augmented Navigation for Autonomous Underwater Vehicles[J]. IEEE Journal of Oceanic Engineering,2008,33(2)：103 – 122.

[204] F Caballero,L Merino,J Ferruz,et, al. Vision-Based Odometry and SLAM for Medium and High Altitude Flying UAVs[J]. Journal of Intelligent & Robotic Systems，2009，54(1)：137 – 161.

[205] Brooks Alex，Bailey. Tim. HybridSLAM：Combining FastSLAM and EKF-SLAM for Reliable Mapping[J]. International Workshop on Algorithmic Foundation of Robotics VIII，2008，57：647 – 661.

[206] Bailey Tim，Nieto Juan，Nebot Eduardo. Consistency of the FastSLAM Algorithm [M]. IEEE International Conference on Robotics & Automation，2006：424 – 429.

[207] Artieda Jorge，Sebastian José M，Campoy Pascual,et al. Visual 3 – D SLAM from UAVs[J]. Journal of Intelligent and Robotic Systems,2009(55)：299 – 321.

[208] Merhav S J，Bresler Y. On – line Vehicle Motion Estimation from Visual Terrain Information Part I：Recursive Image Registration[J]. IEEE Trans Aerospace and Electronic Systems,1986,22(5):583 – 587.

[209] Zheng Q，Chellappa R. A Computational Vision Approach to Image Registration[J]. IEEE Transactions On Image Processing,1993,2(3):311 – 326.

[210] 凌志刚,梁彦,潘泉,等. 一种鲁棒的红外与可见光多级景象匹配算法[J]. 航空学报,2010,31(6):1185 – 1195.

[211]　曲圣杰,潘泉,程咏梅.一种多尺度边缘测度融合加权 HD算法[J].光子学报,2011
(10):1560-1565.

[212]　曲圣杰,程咏梅,潘泉.冲突再分配 DSmT 及解决证据间矛盾的新方法[J].控制与
决策,2010,24(12):1856-1860.